中国工程院咨询研究报告

中国煤炭清洁高效可持续开发利用战略研究

谢克昌／主编

(第11卷)

中美煤炭清洁高效利用技术对比

李文英 易 群 谢克昌／编著

科学出版社

北京

内 容 简 介

　　本书是《中国煤炭清洁高效可持续开发利用战略研究》丛书之一。

　　中美两国都是能源消费大国，由于煤炭利用而引发的各种矛盾是制约各自可持续发展的潜在因素，但双方在煤炭清洁高效利用技术的需求上有共同点。本书针对中美两国煤炭资源的需求与供给，结合资源、生态、环境、气候变化等方面展开讨论；在对提高煤炭资源开发、利用效率和降低污染物、温室气体排放等论述的基础上，重点就煤的清洁高效综合利用技术进行了对比分析，研究结论将对两个主要能源消费国的煤炭清洁高效开发利用和减少碳排放，应对全球环境气候变化产生积极的作用。

　　本书可供煤炭能源领域战略规划的政府部门、生产单位、相关科研部门、大专院校研究人员和师生参考。

图书在版编目（CIP）数据

中美煤炭清洁高效利用技术对比 / 李文英，易群，谢克昌编著 . —北京：科学出版社，2014.10

（中国煤炭清洁高效可持续开发利用战略研究/谢克昌主编；11）

"十二五"国家重点图书出版规划项目　中国工程院重大咨询项目

ISBN 978-7-03-036147-9

Ⅰ. 中…　Ⅱ.①李…②易…③谢…　Ⅲ. 煤炭工作－无污染技术－对比研究－中国、美国　Ⅳ. X784

中国版本图书馆 CIP 数据核字（2012）第 293016 号

责任编辑：李　敏　周　杰　张　震 / 责任校对：朱光兰
责任印制：徐晓晨 / 封面设计：黄华斌

科 学 出 版 社 出版
北京东黄城根北街 16 号
邮政编码：100717
http://www.sciencep.com

北京京华虎彩印刷有限公司 印刷
科学出版社发行　各地新华书店经销

*

2014 年 10 月第　一　版　开本：787×1092　1/16
2017 年 1 月第五次印刷　印张：8 1/2
字数：200 000

定价：120.00 元
（如有印装质量问题，我社负责调换）

中国工程院重大咨询项目

中国煤炭清洁高效可持续开发利用战略研究
项目顾问及负责人

项目顾问

徐匡迪	中国工程院	十届全国政协副主席、中国工程院主席团名誉主席、原院长、院士
周 济	中国工程院	院长、院士
潘云鹤	中国工程院	常务副院长、院士
杜祥琬	中国工程院	原副院长、院士

项目负责人

谢克昌	中国工程院	副院长、院士

课题负责人

第1课题	煤炭资源与水资源	彭苏萍
第2课题	煤炭安全、高效、绿色开采技术与战略研究	谢和平
第3课题	煤炭提质技术与输配方案的战略研究	刘炯天
第4课题	煤利用中的污染控制和净化技术	郝吉明
第5课题	先进清洁煤燃烧与气化技术	岑可法
第6课题	先进燃煤发电技术	黄其励
第7课题	先进输电技术与煤炭清洁高效利用	李立涅
第8课题	煤洁净高效转化	谢克昌
第9课题	煤基多联产技术	倪维斗
第10课题	煤利用过程中的节能技术	金 涌
第11课题	中美煤炭清洁高效利用技术对比	谢克昌
综合组	中国煤炭清洁高效可持续开发利用	谢克昌

本卷研究组成员

顾 问

周 济	中国工程院	院长、院士
杜祥琬	中国工程院	原副院长、院士

组 长

谢克昌	中国工程院	副院长、院士

副组长

李文英	太原理工大学	教授

成 员

黄其励	东北电网公司	学部主任
彭苏萍	中国矿业大学（北京）	院士
徐大懋	中国广东核电集团有限公司	院士
刘 科	神华科学技术研究有限责任公司	副院长
张玉卓	神华集团有限责任公司	院士、董事长
张庆庚	赛鼎工程有限公司	董事长兼总经理
孙启文	兖矿集团有限公司	副总经理、总工
郑楚光	华中科技大学	教授
许世森	中国华能集团清洁能源技术研究院 有限公司	院长、教授级高工
冯 杰	太原理工大学	教授
易 群	太原理工大学	讲师
卢建军	太原理工大学	教授
郝艳红	太原理工大学	副教授、博士生
吴彦丽	太原理工大学	博士生
Michael Wang	Argonne National Laboratory（ANL, DOE）	
Jin Wang	Argonne National Laboratory（ANL, DOE）	
J. E. Hunt	Argonne National Laboratory（ANL, DOE）	

D. C. Carroll   Gas Technology Institute (gti)

P. J. Globs   Zero Emission Energy Plants (ZEEP)

J. Vilja   Pratt & Whitney Rocketdyne (PWR)

P. Neeta   Pratt & Whitney Rocketdyne (PWR)

A. K. Darby   Pratt & Whitney Rocketdyne (PWR)

序　一

　　近年来，能源开发利用必须与经济、社会、环境全面协调和可持续发展已成为世界各国的普遍共识，我国以煤炭为主的能源结构面临严峻挑战。煤炭清洁、高效、可持续开发利用不仅关系我国能源的安全和稳定供应，而且是构建我国社会主义生态文明和美丽中国的基础与保障。2012 年，我国煤炭产量占世界煤炭总产量的 50% 左右，消费量占我国一次能源消费量的 70% 左右，煤炭在满足经济社会发展对能源的需求的同时，也给我国环境治理和温室气体减排带来巨大的压力。推动煤炭清洁、高效、可持续开发利用，促进能源生产和消费革命，成为新时期煤炭发展必须面对和要解决的问题。

　　中国工程院作为我国工程技术界最高的荣誉性、咨询性学术机构，立足我国经济社会发展需求和能源发展战略，及时地组织开展了"中国煤炭清洁高效可持续开发利用战略研究"重大咨询项目和"中美煤炭清洁高效利用技术对比"专题研究，体现了中国工程院和院士们对国家发展的责任感和使命感，经过近两年的调查研究，形成了我国煤炭发展的战略思路和措施建议，这对指导我国煤炭清洁、高效、可持续开发利用和加快煤炭国际合作具有重要意义。项目研究成果凝聚了众多院士和专家的集体智慧，部分研究成果和观点已经在政府相关规划、政策和重大决策中得到体现。

　　对院士和专家们严谨的学术作风和付出的辛勤劳动表示衷心的敬意与感谢。

2013 年 11 月 6 日

序　二

　　煤炭是我国的主体能源，我国正处于工业化、城镇化快速推进阶段，今后较长一段时期，能源需求仍将较快增长，煤炭消费总量也将持续增加。我国面临着以高碳能源为主的能源结构与发展绿色、低碳经济的迫切需求之间的矛盾，煤炭大规模开发利用带来了安全、生态、温室气体排放等一系列严峻问题，迫切需要开辟出一条清洁、高效、可持续开发利用煤炭的新道路。

　　2010 年 8 月，谢克昌院士根据其长期对洁净煤技术的认识和实践，在《新一代煤化工和洁净煤技术利用现状分析与对策建议》(《中国工程科学》2003 年第 6 期)、《洁净煤战略与循环经济》(《中国洁净煤战略研讨会大会报告》，2004 年第 6 期) 等先期研究的基础上，根据上述问题和挑战，提出了《中国煤炭清洁高效可持续开发利用战略研究》实施方案，得到了具有共识的中国工程院主要领导和众多院士、专家的大力支持。

　　2011 年 2 月，中国工程院启动了 "中国煤炭清洁高效可持续开发利用战略研究" 重大咨询项目，国内煤炭及相关领域的 30 位院士、400 多位专家和 95 家单位共同参与，经过近两年的研究，形成了一系列重大研究成果。徐匡迪、周济、潘云鹤、杜祥琬等同志作为项目顾问，提出了大量的指导性意见；各位院士、专家深入现场调研上百次，取得了宝贵的第一手资料；神华集团、陕西煤业化工集团等企业在人力、物力上给予了大力支持，为项目顺利完成奠定了坚实的基础。

　　"中国煤炭清洁高效可持续开发利用战略研究" 重大咨询项目涵盖了煤炭开发利用的全产业链，分为综合组、10 个课题组和 1 个专题组，以国内外已工业化和近工业化的技术为案例，以先进的分析、比较、评价方法为手段，通过对有关煤的清洁高效利用的全局性、系统性、基础性问题的深入研究，提出了科学性、时效性和操作性强的煤炭清洁、高效、可持续开发利用战略方案。

　　《中国煤炭清洁高效可持续开发利用战略研究》丛书是在 10 项课题研究、1 项专题研究和项目综合研究成果基础上整理编著而成的，共有 12 卷，对煤炭的开发、输配、转化、利用全过程和中美煤炭清洁高效利用技术等进行了系统的调研和分析研究。

　　综合卷《中国煤炭清洁高效可持续开发利用战略研究》包括项目综合报告及 10 个课题、1 个专题的简要报告，由中国工程院谢克昌院士牵头，分析了我国煤炭清洁、高效、可持续开发利用面临的形势，针对煤炭开发利用过程中的一系列重大问题进行了分析研究，给出了清洁、高效、可持续的量化指标，提出了符合我国国情的煤炭清洁、高效、可持续开发利用战略和政策措施建议。

第1卷《煤炭资源与水资源》，由中国矿业大学（北京）彭苏萍院士牵头，系统地研究了我国煤炭资源分布特点、开发现状、发展趋势，以及煤炭资源与水资源的关系，提出了煤炭资源可持续开发的战略思路、开发布局和政策建议。

第2卷《煤炭安全、高效、绿色开采技术与战略研究》，由四川大学谢和平院士牵头，分析了我国煤炭开采现状与存在的主要问题，创造性地提出了以安全、高效、绿色开采为目标的"科学产能"评价体系，提出了科学规划我国五大产煤区的发展战略与政策导向。

第3卷《煤炭提质技术与输配方案的战略研究》，由中国矿业大学刘炯天院士牵头，分析了煤炭提质技术与产业相关问题和煤炭输配现状，提出了"洁配度"评价体系，提出了煤炭整体提质和输配优化的战略思路与实施方案。

第4卷《煤利用中的污染控制和净化技术》，由清华大学郝吉明院士牵头，系统研究了我国重点领域煤炭利用污染物排放控制和碳减排技术，提出了推进重点区域煤炭消费总量控制和煤炭清洁化利用的战略思路和政策建议。

第5卷《先进清洁煤燃烧与气化技术》，由浙江大学岑可法院士牵头，系统分析了各种燃烧与气化技术，提出了先进、低碳、清洁、高效的煤燃烧与气化发展路线图和战略思路，重点提出发展煤分级转化综合利用技术的建议。

第6卷《先进燃煤发电技术》，由东北电网有限公司黄其励院士牵头，分析评估了我国燃煤发电技术及其存在的问题，提出了燃煤发电技术近期、中期和远期发展战略思路、技术路线图和电煤稳定供应策略。

第7卷《先进输电技术与煤炭清洁高效利用》，由中国南方电网公司李立涅院士牵头，分析了煤炭、电力流向和国内外各种电力传输技术，通过对输电和输煤进行比较研究，提出了电煤输运构想和电网发展模式。

第8卷《煤洁净高效转化》，由中国工程院谢克昌院士牵头，调研分析了主要煤基产品所对应的煤转化技术和产业状况，提出了我国煤转化产业布局、产品结构、产品规模、发展路线图和政策措施建议。

第9卷《煤基多联产技术》，由清华大学倪维斗院士牵头，分析了我国煤基多联产技术发展的现状和问题，提出了我国多联产系统发展的规模、布局、发展战略和路线图，对多联产技术发展的政策和保障体系建设提出了建议。

第 10 卷《煤炭利用过程中的节能技术》，由清华大学金涌院士牵头，调研分析了我国重点耗煤行业的技术状况和节能问题，提出了技术、结构和管理三方面的节能潜力与各行业的主要节能技术发展方向。

第 11 卷《中美煤炭清洁高效利用技术对比》，由中国工程院谢克昌院士牵头，对中美两国在煤炭清洁高效利用技术和发展路线方面的同异、优劣进行了深入的对比分析，为中国煤炭清洁、高效、可持续开发利用战略研究提供了支撑。

《中国煤炭清洁高效可持续开发利用战略研究》丛书是中国工程院和煤炭及相关行业专家集体智慧的结晶，体现了我国煤炭及相关行业对我国煤炭发展的最新认识和总体思路，对我国煤炭清洁、高效、可持续开发利用的战略方向选择和产业布局具有一定的借鉴作用，对广大的科技工作者、行业管理人员、企业管理人员都具有很好的参考价值。

受煤炭发展复杂性和编写人员水平的限制，书中难免存在疏漏、偏颇之处，请有关专家和读者批评、指正。

谢克昌

2013 年 11 月

前　言

　　能源对我国经济、社会的发展起着基础性的重要支撑作用。近年来，随着经济的快速发展，我国能源消费始终保持 2 亿 tce 左右的年增长量。由于"相对富煤、缺油、少气"的化石能源赋存特点，煤炭在我国一次能源的生产和消费中一直占 70% 左右的比例。而且在未来相当长的时期内，煤炭在能源结构中的主体地位也不会改变，根据《中国可持续能源发展战略》预测，到 2050 年煤炭能源比例仍为 50%。

　　资源和环境问题已经成为影响我国可持续发展的主要因素。我国煤炭资源的总体净化程度低，商品煤的平均灰分在 22% 左右，电煤的平均灰分则高达 28%，远高于发达国家平均灰分（<8%）的要求。利用效率低是我国煤炭消费的另一个大问题，综合效率仅为 36%，比发达国家低 10%；原煤直接燃烧是我国煤烟型大气污染的主要原因，中国工程院的研究结果表明，我国烟尘排放量的 70%、二氧化硫排放量的 85%、氮氧化物排放量的 60%、二氧化碳排放量的 85% 都来自煤炭燃烧。

　　控制煤炭资源的开发利用强度，发展清洁、高效、绿色开采技术，提高煤炭资源的利用效率，控制我国碳排放水平，既是我国社会可持续发展的需要，也是积极应对国际气候变化的重要措施。2009 年哥本哈根会议召开前，中国政府宣布到 2020 年单位国内生产总值温室气体排放量比 2005 年下降 40%~45% 的行动目标，并作为约束性指标纳入国民经济和社会发展中长期规划。2011 年南非德班会议前夕，中国发表应对气候变化白皮书：到 2015 年，单位国内生产总值二氧化碳排放比 2010 年下降 17%，单位国内生产总值能耗比 2010 年下降 16%，非化石能源占一次能源消费比重达到 11.4%，新增森林面积 1250 万 hm^2，森林覆盖率提高到 21.66%，森林蓄积量增加 6 亿 m^3，充分彰显了中国政府推动低碳发展、积极应对气候变化的决心。

　　煤是美国最丰富的化石燃料，作为一种低成本的能源维持着美国的能源安全和经济稳定。据美国能源信息署（EIA）统计，目前美国电力生产的 50% 来自煤炭，约为 10 亿 t/a，相当于每天 1000 万桶的石油进口量，预计到 2030 年，这一比例将上升到 57%，而整个电力需求届时也将会增加 39%。美国目前煤炭储量为 2670 亿 t，占世界总储量的 27%，可供美国使用 200 多年，煤炭对美国能源安全的重要性不言而喻。为了能更加环保和减少温室气体排放、更加高效地利用储量丰富的煤炭资源，自 2001 年以来，美国政府已投入 22 亿美元，将"洁净煤技术"从研发阶段向示范阶段和市场化阶段推进。

因此，如何实现煤炭的清洁高效利用，发展先进的煤炭利用技术，有效缓解甚至解决能源安全问题、环境问题，是中美两国未来煤炭能源利用的战略重点。中美两国政府着重于煤炭清洁高效利用技术的研发内容，主要包括以下几个方面：新型洁净煤燃烧技术、先进燃烧发电技术、煤清洁高效转化技术、污染物控制与净化技术。

新型清洁煤燃烧技术：化学链燃烧技术和 O_2/CO_2 富氧燃烧技术作为最清洁的煤燃烧技术还处在研究、示范阶段。循环流化床燃烧技术作为唯一的工业化燃烧技术目前在中美两国应用较为广泛，但是 CO_2 排放严重、与锅炉联合发电效率低的问题制约了其进一步的发展。

先进燃烧发电技术：①超超临界发电技术机组在中美两国具有较大发展空间和市场前景，目前中国超超临界发电机组约占火力发电机组的 30%，最大的机组规模为 1000MW。美国有 169 台超临界机组（其中多数为超超临界机组），占燃煤机组的 70% 以上，占总装机容量的 25.22%，其中单机容量介于 500～800MW 占 60%～70%，最大的机组规模为 1300MW。②整体煤气化联合循环（integrated gasification combined cycle，IGCC）发电技术是中美两国清洁煤炭技术方面的重点发展内容之一。中国目前仅有的华能"绿色煤电"商业示范 IGCC（带 CCS）项目已完成第一阶段工程，除燃气轮机采取联合供货外，该项目的设计和设备完全国产化，标志着中国在 IGCC 技术建设和开发方面已经走到世界前列。此外，大唐国际、中电投、华电、国华、神华集团等企业也将 IGCC 发电项目列入了各自的发展规划中。美国已建（在建、拟建）的 IGCC 电站工程共 68 个[①]，按照 2008 年"未来发电"（Future Gen）项目重组方案，计划同时建造多座具有碳捕获与封存（CCS）功能的大规模 IGCC 示范电厂。每座示范电厂计划装机容量不得小于 300MW，同时每座电厂每年至少能够捕获和封存 CO_2 的量是重组前的 2 倍，环保效果不得低于原计划的标准，计划在 2015～2016 年建成投运。可见，中美两国对 IGCC 的发展和应用都相当重视。③基于煤气化的多联产系统是将 IGCC 发电和煤化工技术耦合的能源系统。目前，世界上唯一进行成功商业化示范运行的多联产系统是中国兖矿集团的煤基甲醇-电-乙酸多联产系统。国内有关科研单位和企业分别提出了符合各自发展特点的、多种形式的多联产工艺路线，并已开始进行系统集成研究，计划到 2015 年前后实现初

---

① 上海科学技术情报研究所.2010.整体煤气化联合循环（IGCC）技术走向成熟.http：//www.Istis.Sh.Cn/list/list.Aspx？Id=6708。

级系统的工业应用，并逐步向先进系统发展。美国政府计划在 2015～2020 年完成电力、氢、液体燃料生产和 CO_2 分离的先进多联产系统的商业化示范。

煤清洁高效转化技术：①煤直接制油技术在中国已经有商业示范，神华集团自主研发的煤制油项目目前已能达到 100 万 t/a 规模。美国的 H-COAL 工艺 20 世纪 80 年代进行了 600t/d 的规模试验，HTI 工艺在 1995 年进行了 3t/d 的规模试验[①]。目前，国外煤直接液化试验装置已经全部停止运转或拆除，部分相对成熟的技术处于封存和储备状态，已经完成的最大工业试验装置规模为处理煤量 600t/d。②在煤间接制油技术方面，中国已经具有了建设十几万吨级规模示范装置的技术储备，在关键技术、催化剂研究开发方面拥有自主知识产权。据业内专业人士介绍，到 2020 年中国煤制油产业将形成 5000 万 t 的产能规模。国外目前已经工业化的煤间接液化技术只有南非 SASOL 的费托（F-T）合成技术和荷兰 Shell 公司的 SMDS 技术，Mobil 公司的 MTG 合成汽油技术也具有一定可靠性[②]。③在煤制烯烃方面，美国环球油品公司（UOP）的 MTO 工艺、中国科学院大连化学物理研究所的 DMTO 工艺、中国石油化工股份有限公司的 SMTO 工艺都取得了较好的业绩。国内已拥有 60 万 t/a 煤制烯烃工业示范工程。UOP 公司与尼日利亚甲醇公司签署了商业化技术许可协议，将 MTO 技术与烯烃裂解装置联合，生产 130 万 t/a 的丙烯和乙烯，计划在 2012 年建成。④中国目前已有全球首套 20 万 t/a 煤制乙二醇工业示范装置。该装置采用 CO 气相催化合成草酸酯和草酸酯催化加氢合成乙二醇工艺，具有全套自主创新知识产权。当前煤制乙二醇技术还不成熟、不完整，主要存在催化剂稳定性、产品质量、规模放大等问题。

污染物控制与净化技术：主要集中在脱硫、脱硝、烟尘排放控制、汞排放控制，以及温室气体排放控制方面。从中美脱硫和脱硝技术对比来看，中国脱硫、脱硝技术要略优于美国，但脱硫脱硝一体化技术中国还没有应用，美国已成功应用到电厂生产中。在烟尘控制方面，中美两国大多采用静电式除尘器进行燃煤机组的除尘，在严格排放限制下会选择布袋式除尘。美国对汞排放的要求较为严格，截至 2010 年 6 月，美国已经有 169 个机组安装了或者计划安装汞污染控制设备。国内对汞的排放控制技术研究才刚刚起步，还没有完全成熟的技术进入商业应用，但是已经制定了相关的法律法规。对温室气体的控制，尤其 CO_2 的排放，是中美两国共同关注的焦点。中国对 CCS 尤其是 CCUS 技术相当重视，2008 年已经确定重点研究减缓温室气体排

---

①　张扬健. 2011. 发达国家煤制油基本处于储备阶段. 中国石化，(01)：30。
②　王光彬. 2009. 煤间接液化技术及发展前景. 当代化工，38 (01)：69-71。

放技术，包括 CO_2 捕集、利用与封存技术，目前已经有多家电厂企业进行了相关的示范工作。2010 年 12 月，美国提出 CCS 技术示范路线图，该路线图聚焦于为燃煤发电系统提供具有成本效益的先进 CCS 技术，重点关注高效、经济的解决方案，以快速实现商业化。美国政府计划在 2016 年左右有 5 ~ 10 个商业规模的 CCS 示范项目上线。但是，现阶段 CCS 的可靠性、经济性与环境安全性有待提高、验证。

煤炭清洁高效利用技术的发展，也促进了燃气轮机制造技术、选煤技术、型煤技术、水煤浆技术等相关产业的发展。

结合目前中国煤炭清洁高效利用技术发展现状，需要推进煤炭清洁利用重点工程的建设，一些关键技术瓶颈需要突破，主要集中在：煤气化技术的改进、化学链燃烧载氧体的选择、反应器的设计、化学链燃烧系统的设计和优化。O_2/CO_2 富氧燃烧技术锅炉改造、燃烧机理等研究、高温脱硫催化剂的开发制备，适用于不同热值的燃气轮机改造技术、低能耗高效率 CO_2 分离技术、安全可靠的 CO_2 封存技术方案，以及高超超临界发电用高温材料的制造等。

根据相关清洁煤炭利用技术未来的发展规划，一些重点工程及技术的应用和发展路线（现阶段至 2030 年）也已提出，主要集中在：超超临界（高超超临界）发电技术发展路线图，包括从超超临界技术高温材料到高超超临界发电技术的过渡发展；IGCC 发展路线图主要基于煤气化技术、化学链燃烧技术、O_2/CO_2 富氧燃烧技术、高温脱硫技术及 CCS 技术等在内的不同阶段发展、时间空间模式；煤基多联产系统发展路线是结合 IGCC 的发展，进一步根据能源布局、能源需求规划的不同时间、空间的多维度路线图。

目前，中国已在超超临界发电技术方面取得了重大突破，自主研发了 1000MW 发电机组并投入应用，机组效率为 45.4%，供电煤耗 283.2g/(kW·h)。2010 年 7 月，中国启动了 700℃ 超超临界燃煤发电技术创新联盟，该联盟的宗旨是有效整合各方资源，攻克技术难题，提高中国的超超临界发电机组的技术水平，实现超超临界燃煤发电技术的自主化。与 600℃ 超超临界发电技术相比，700℃ 超超临界燃煤发电技术的供电效率可提高到 48% ~ 50%，煤耗可再降低 40 ~ 50g，CO_2 排放将减少 14%。早在 20 多年前，美国的超超临界发电机组单机容量就已达到 1300MW，全美国共有 7 台。目前，国外的超超临界机组的单机容量发展目标仍维持在 1000MW，参数为 30MPa、625℃，并正在向更高水平发展。美国 700℃ 超超临界发电技术和设备的研发时间表：2015 年完成各项研究项目，2017 年建设示范电厂。美国正在组织一项发展更高参数的超超临界发电机组的研究项目——"760℃"计划①，目标是将超超临界机组的主蒸汽温度提高到760℃水平，压力为38.5 MPa，这将大大提高超超临界机组效率，热效率高于55%，CO_2和其他污染物排放量比亚临界机组少30%。

中国华能集团"绿色煤电"IGCC（带CCS）示范工程已经完成了一期工程，预计整个工程完成后，其除尘效率为99.99%，脱硫效率为99%，全厂效率为48%。具有中国自主知识产权的神华煤直接液化制油技术更是处于世界领先水平，达到百万吨/年的规模。煤间接液化制油技术百万吨级装置也正在进行工业示范。兖矿集团煤基甲醇-电多联产系统的成功示范运行，标志着我国多联产技术迈向了世界前沿。在IGCC技术方面，美国Wabash River和Tampa IGCC电站早在20世纪就已经投入商业示范运行，为美国IGCC的建设和发展积累了大量的经验，目前在建和拟建的IGCC还有60多座。其部分技术引进了中国技术，如在建的美国宾夕法尼亚州未来能源Good Spring IGCC，引进了华能自主研发的两段式干粉煤气化技术。

根据中美两国目前煤炭清洁高效清洁利用技术现状和发展思路，本书指出两国未来合作的重点工程，主要包括超超临界/高超超临界发电技术、IGCC（CCS）发电技术和煤基多联产技术合作与开发。

本书作为《中国煤炭清洁高效可持续开发利用战略研究》丛书的第11卷，专门针对中美两国在煤炭清洁高效利用技术和发展路线方面的同异性、优劣性进行了较深入的对比分析研究，对中国煤炭清洁高效可持续开发利用整体战略研究提供了参考和支撑。

冯杰、郝艳红、吴彦丽对本书部分内容做了补充和完善。在完稿过程中和付梓之际，特别感谢中国工程院能源与矿业工程学部黄其励、倪维斗、岑可法、岳光溪、张玉卓等院士的指教和修正。由于时间紧、水平所限，虽求本书高质量完成，但不足之处定会不少，真诚希望读者不吝赐教，作者将不胜感激。

感谢中国工程院咨询项目"中美煤炭清洁高效利用技术咨询项目"（编号：2011-XZ-22）和"中国煤炭清洁高效可持续开发利用战略研究"（编号：2011-ZD-7-11-2）的资助。

作　者

2012年12月

---

① 周一工，徐炯，胡晓初，等.2011.大力发展清洁高效的超临界、超超临界发电技术.装备机械，(01)：2-6.

目　　录

第1章 煤炭清洁高效利用技术

1.1 中国和美国在煤炭清洁高效利用技术领域合作的可能性和必要性

中国是一个相对富煤、贫油、少气的国家，在已探明的化石能源储量中，煤炭占96.14%，石油、天然气仅占3.86%。中国煤炭资源丰富，并且容易大规模获取，比石油和天然气具有明显的资源优势，且其作为能源的投资少、周期短、效率高。长期以来形成的以煤为主的能源结构，为中国经济的快速发展提供了强有力的保障。

随着中国国民经济的快速发展，能源消费大约每年增长2亿tce，对煤炭的需求也在大幅度增长，2011年我国煤炭产量35.2亿t，约占一次能源生产总量的78.6%；煤炭消费总量35.7亿t，约占一次能源消费总量的72.8%。煤炭生产和消费总量同比分别增加2.1和1.9个百分点。2011年2月22日，国家统计局发布数据称，初步核算，2011年中国能源消费总量34.8亿tce，比上年增长7.0%；煤炭消费量增长9.7%；原油消费量增长2.7%；天然气消费量增长12.0%；电力消费量增长11.7%。"十二五"中国的能源结构的调整目标是，到2015年，煤炭在能源消费中的比重从2009年的70%下降到63%，天然气、水电、核能及其他非化石能源的比重从目前水平分别上升到8.3%、9%和2.6%[①]。

2010年中国石油消费量达4.49亿t，进口2.39亿t，2010年中国石油对外依存度已超过55%，据国际能源机构的预测，2020年中国石油对外依存度将达68%；2010年天然气消费量达1100亿m^3，进口液化天然气（LNG）934万t，首次进口管道气44亿m^3，2010年中国天然气对外依存度超过15%[②]。石油和天然气安全日益严峻。一旦出现石油或天然气危机，煤炭就是唯一可以作为替代燃油或燃气的原料。因此煤炭在中国能源安全中扮演的角色不可替代。

煤炭具有能源和资源二重性，煤炭不仅可以作为能源，也是化学品的重要资源保障，大约60%的化学品原料来自煤炭，中国已成为世界上最大的煤制化学品生产国，煤制合成氨、甲醇和电石产量位居世界第一[③]。

但是，由煤炭的不合理开采和利用方式的落后造成的资源和环境问题已成为制约中国可持续发展的主要因素。传统的煤炭开发和利用技术极大地污染了人们赖以生存的环

---

① 中国经济报告.2011.如何推进中国能源结构调整.http：//www.Cqcoal.Com/news/n01/45713_1.html。
② 国家能源局.2011.2010年能源经济形势及2011年展望.http：//www.nyj.ndrc.gov.cn/ggtz/t20110128_393339.html。
③ 中国煤炭工业协会.2010.煤炭科技"十二五规划"（征求意见稿）。

境，诱发了温室效应、酸雨等环境问题。煤炭消费中排放的 CO_2、SO_2、NO_x 和烟尘等大气污染物占中国大气污染物排放总量的七成以上。目前，中国的酸雨面积已超过国土面积的 30%，大量的 CO_2 排放加速了全球的温室效应；同时，燃煤大气污染也长期危害着中国公众的健康。对煤炭资源开发利用的背后隐藏着巨大的环境和社会代价。中国首份煤炭外部成本综合性研究报告——《煤炭的真实成本》指出，2007 年中国煤炭造成的环境、社会、经济等外部损失达 17 450 亿元人民币，相当于当年国内生产总值的 7.1%（茅于轼等，2008）。

中国煤炭资源总量为 5.5 万亿 t，其中深埋在 1000m 以下的有 2.95 万亿 t，占煤炭资源总量的 53%。英国石油公司最新公布的统计数字显示，2010 年年底中国已探明可采煤炭储量大约为 1145 亿 t，储采比为 35[①]。中国煤炭资源总量大、可开采量小，因其不可再生性，以目前开采的速度，在不久的将来，将面临枯竭。而且，中国目前的煤炭利用效率还普遍偏低，综合利用率仅为 36%，比发达国家低 10%。煤炭的利用效率低导致的直接结果是煤炭的大量开采，对中国有限的煤炭资源造成了极大的浪费，同时增加了废弃物的排放，环境问题日益严重。

能源是经济发展的重要基础和支撑条件，中国经济的快速发展对能源的需求也在逐年递增，目前，煤炭在一次能源消费结构中所占的比例约为 70%，但煤炭在促进经济快速发展的同时也造成了严重的环境污染，并引发了一系列的经济和社会问题。而中国以煤为主的能源生产和消费结构在今后很长时期内不会改变。随着中国能源结构的不断调整，可再生能源会有一定的发展，但中国的能源资源条件决定了煤炭的主要能源地位。根据《中国可持续能源发展战略》，到 2050 年煤炭能源比例仍占 50% 左右，可见在未来相当长的时期内，煤炭在能源结构中的主体地位不会改变。因此，实现煤炭的清洁与高效利用对保障中国经济的稳步发展和能源安全、改善环境问题、实现经济社会的可持续发展有着极其重要的作用。

煤是美国最丰富的化石燃料，作为一种低成本的能源，维护着美国的能源安全和经济稳定。据美国能源信息署（EIA）统计，目前美国电力生产的 50% 来自煤炭，约为 10 亿 t/a，相当于每天 1000 万桶的石油进口量，预计到 2030 年，这一比例将上升到 57%，而整个电力需求届时也将会增加 39%。而美国目前煤炭储量为 2670 亿 t，占世界总储量的 27%，可供美国使用 200 多年，煤炭对美国能源安全的重要性不言而喻。为了能更加环保（减少温室气体排放）、更加高效地利用储量丰富的煤炭资源，自 2001 年以来，美国政府已投入 22 亿美元，用于将"洁净煤技术"从研发阶段向示范阶段和市场化阶段推进。美国是世界上最大的能源生产、消费和进口国，煤炭储量居世界首位，煤蕴藏量估计为 4000 亿 t，约占世界总蕴藏量的 13% 左右，在该国能源结构中占有重要地位。美国一直十分重视煤炭资源的开发和利用，虽然自 1997 年后，其产量和消费量均退居世界第二，但每年仍高达 10 亿 t 左右。布什政府执政后，更是强化了煤炭开发利用引导政策，实现煤炭来源的多样化，以便更好适应煤炭市场的变化。煤作为一种低成本的能源，维护着美国的能源安全和经济稳定。

---

① 英国石油公司. 2010. BP Statistical Review of World Energy. London。

　　煤炭在促进经济社会快速发展的同时也污染着我们赖以生存的环境，并危害着我们的健康。要实现人与自然的和谐相处，并稳步提高人们的生活水平，实现可持续发展，需要我们改变原来粗放型的经济发展方式，提高能源利用率并改变能源利用方式，进行清洁生产，煤的清洁高效利用是其重中之重。

　　煤的清洁高效利用技术包括直接利用和间接利用。前者包括新型燃烧、先进燃煤发电等。后者则是一项以煤为源头，通过气化、液化、碳合成等先进化工工艺手段，将能源转化与化工产品合成相结合的技术体系，主要产品为化学品、煤基氢气、煤基代用液体燃料，以及整体气化联合循环发电，能有效降低污染物排放，提高 CO_2 捕捉与处理效率，从而实现资源综合利用和能源有效利用。

　　煤的清洁高效利用不仅能提高能效、降低污染，更是发展和实施低碳技术经济的关键。煤炭是一种高碳能源，直接燃烧很难解决温室气体的减排问题，而煤的清洁与高效利用技术良好的继承性和可行性，使其具有良好的经济效益和环保性能，且有捕捉 CO_2 的特性，这对中美两国乃至世界有着非常重要的战略意义（倪维斗，2011）。

　　中美两国都是能源消费大国，其中由煤炭利用而引发的各种生态与环境问题是制约各自可持续发展的重要因素。双方在煤炭清洁与高效利用技术的需求上有共同点，如都需要降低能耗强度和能源系统的碳排放强度，都需要在减少碳排放的条件下，为本国提供新型的持续、稳定、可靠和经济的能源，以及都需要在技术和基础设施方面进行大规模的投资等，所以双方的合作就显得非常必要。而且，中美合作也有现实基础，中美在能源和环保领域已经有过零散的合作，如果得到两国高层的支持，进一步的紧密合作是可能的。中美两国在煤炭清洁高效利用技术的发展方向和研发内容方面具有高度的共性和互补性，主要集中在以下几个方面：新型洁净煤燃烧技术、先进燃烧发电技术、煤清洁高效转化技术、污染物控制与净化技术。目前，中美双方已经在相关的技术领域投入了大量资金和研究，并取得了巨大成果，形成了具有各自特点的自主知识产权技术，而且在部分工程应用中双方已经展开了技术合作与交流，具体内容将会在后面章节详细论述。中美两国在煤炭清洁高效利用技术领域和发展路线方面既有共性，又各具特点，双方在不同技术领域均存在相对不足与缺陷，有效地开展两国煤炭清洁高效利用技术领域交流与合作，将为两国洁净煤技术的突破与提升提供良好的机会和平台，同时对推动两国乃至世界的煤炭清洁高效利用、经济发展、环境保护具有重要意义。

1.2　美国在煤炭清洁高效利用技术方面的发展思路

　　美国煤炭资源的持续利用依赖于开发解决环境问题同时可保持煤炭经济优势的新技术。为解决煤炭利用引起的环境污染问题和保证电力供应的可靠性，美国从 20 世纪 80 年代中期就已经开始制定相关战略规划，实施煤炭高效清洁利用的研究项目，解决了低变质程度煤炭提质、煤炭气化液化、混煤燃烧系统开发、高效燃烧系统开发、超（超）临界循环系统和零排放等研究中许多关键的技术问题。这些项目的成功研究和开发利用，在美国政府应对国际国内能源危机方面发挥了重要作用。这些不断发展和拓展的技术方案被称为"洁净煤技术"。

　　结合美国能源部对煤炭利用项目的分类，根据是否属于洁净煤技术研究范围，把美国煤炭项目主要分为两大类：一类是非洁净煤利用项目［非 CCT（clean coal technology）项目］，如图 1-1 所示，包括煤炭气化技术研究、先进的燃煤技术开发、燃料电池技术开发、汽轮机和热力发动机技术、燃煤先进装备设计开发研究、碳捕获和封存技术等；另一类是以研究煤炭清洁利用和污染排放控制为主的洁净煤技术项目（简称 CCT 项目），包括洁净煤先导项目（简称 CCPIP 项目）、洁净煤计划资助项目（简称 CCT 计划资助项目）与非 CCT 计划资助项目。

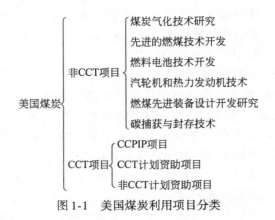

图 1-1　美国煤炭利用项目分类

对美国煤炭利用的非 CCT 项目和 CCT 项目的数量、所占比例及开始规划的时间、经费等进行对比分析，结果如表 1-1 所示。

表 1-1　非 CCT 项目和各类 CCT 项目的对比分析

项目		数量/项	所占比例/%	时间描述	经费特征	重大项目（1000万美元以上）描述	重大项目持续时间
非 CCT 项目		416	89.08	始于 1990 年，每年有新项目被批准	除 1993～1998 年以外，每年都有千万级（美元）以上项目批准	有 36 项，主要为先进技术研究和试点示范项目	2000 年以前项目平均持续时间 20 年，2000 年以后项目持续时间不低于 3 年
CCT 项目	非 CCT 计划资助	36	7.71	始于 1988 年，几乎每年有新项目；但 2000 年以前，项目较少，2006 年以后项目增多	2002 年以前，项目资助额度不低于 1000 万美元；2002 年以后项目资助均低于 1000 万美元	共 5 项，占项目比例的 13.89%，其中 4 项为燃煤系统示范项目，1 项为多污染物联合控制项目	有 4 项持续时间为 20 年，1 项时间为 5 年
	CCT 计划资助	5	1.07	始于 1990 年。约隔 2～6 年有 1 项	4 项项目资助额度在 1000 万美元以上，其中两项经费超过 1 亿美元	有 4 项是应用项目研究，1 项为示范项目	一般为 3～4 年，其中一项为 10 年
	CCPIP	10	2.14	始于 2002 年，每年均有项目启动	6 项项目经费达到 1000 万美元，其中 3 项超过 10 亿美元	主要为示范项目，次要为前瞻性应用研究项目	项目持续时间为 5～12 年

可以看出：①从项目数量上看，20 多年来的煤炭项目共有 467 项，其中非 CCT 项目有 416 项，约占项目总量的 89.08%，在数量上占绝对优势，各类 CCT 项目共 51 项，所占比例约为 11.92%。②CCT 项目虽在 1988 年就开始启动，但并没有受到洁净煤计划的资助（最早资助时间为 1990 年），而非 CCT 项目启动时间在 1990 年；除 CCT 资助项目外，其余 3 类项目每年都有新启动项目，相比之下，获得 CCT 资助项目较难，每隔 2～6 年才有 1 项。③从资助经费上看，非 CCT 项目除 1993～1998 年以外，每年都有重大项目启动，而在 CCT 项目中，项目资助额度较大，2002 年以后的非 CCT 计划资助项目资助均低于 1000 万美元。④从重大项目数量及持续时间上看，非 CCT 的重大项目绝对数量最多，达到 36 项，但重大项目在该类项目中所占比例最低，仅为 8.65%；在非 CCT 计划资助项目、CCT 计划资助项目、CCPIP 项目等 CCT 项目中，重大项目的绝对数量虽然不多，但在该类项目中所占比例相当高，分别达到 13.89%、80% 和 60%，这些重大项目的持续时间均在 3 年以上，有的甚至达到 20 年。

图 1-2 表示了 20 年来美国煤炭行业非 CCT 项目数量具有大幅增长。在 1995 年以前，美国非 CCT 项目数量为 11 项；1996～2001 年，非 CCT 项目数量增加到 71 项，增幅近 6 倍；2001～2005 年，非 CCT 项目数量增加到 117 项，数量得到绝对增长，但增幅趋缓；2006 年以后，非 CCT 项目数量增加到 221 项，其增长的绝对数量为历史最高。

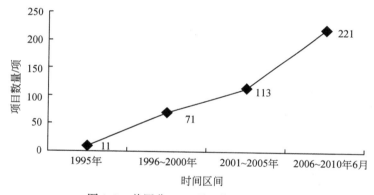

图 1-2　美国非 CCT 项目数量变化情况

图 1-3 显示各类 CCT 项目自启动以来的数量变化情况。图中表明，非 CCT 计划资助项目在前 10 年数量有所下降，2000 年以后项目数量有所增加，尤其近 5 年增加幅度较大；CCT 计划资助项目在 1995 年以前有 2 项，此后在各时间区内分别有 1 项，时间分布较为均匀；CCPIP 项目是美国能源部在 2002 年才开始启动的，因此在这之前项目为 0，其在 2001～2005 年启动较多，有 7 项，达到历史最高，其后在 2006～2010 年有所下降，仅有 3 项。

根据研究性质不同，美国煤炭利用项目又可分为基础研究、应用基础研究、应用型项目和示范项目 4 类。表 1-2 对不同的美国煤炭利用项目的研究性质进行计量统计，显示出在非 CCT 项目中，以应用基础研究和应用研究项目主，其数量也最多，依次为 174 项和 152 项，分别占该类项目数量的 41.8% 和 36.5%。在 CCT 项目方面，非 CCT 计划资助项目和 CCT 计划资助项目中应用研究项目的数量最多，所占比例分别高达 58.33% 和 60%，而 CCPIP 项目中示范项目的数量最多，所占比例为 70%，其中 CCPIP 项目和

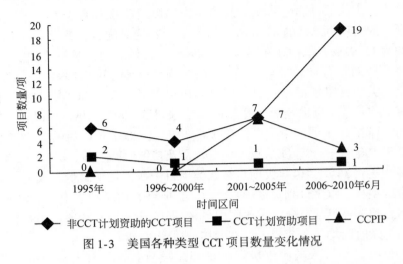

图 1-3　美国各种类型 CCT 项目数量变化情况

CCT 计划资助项目 20 年来没有启动基础研究项目。这表明美国煤炭利用项目研发较为重视应用研究和示范项目。

表 1-2　非 CCT 项目和 CCT 项目中不同研究类型项目的组成情况

项目类别	非 CCT 项目		CCT 项目					
			非 CCT 计划资助		CCT 计划资助		CCPIP	
	项数	比例/%	项数	比例/%	项数	比例/%	项数	比例/%
基础研究	79	19	6	16.67	—	—	—	—
应用基础研究	174	41.8	2	5.56	1	20	3	30
应用型项目	152	36.5	21	58.33	3	60	—	—
示范项目	11	2.6	7	19.44	1	20	7	70
总数	416	100	36	100	5	100	10	100

对不同项目的研究经费投入，美国能源部门也给予不同资助力度。按照投入经费的多少，美国煤炭利用项目可分为 1000 万美元以上项目、100 万～1000 万美元项目、10 万～100 万美元项目和 10 万美元以下项目 4 类。图 1-4 表示出美国煤炭利用项目的资金投入情况。从各类资金投入的项目数量来看，由于非 CCT 项目的数量庞大，在各类资金投入的项目数量也占有绝对优势。从所占比例上看，在 10 万美元级经费项目中，非 CCT 项目和非 CCT 计划资助项目数量最多，分别占该类项目的 45.4% 和 41.7%，而在 CCPIP 项目和 CCT 计划资助项目中 1000 万美元以上项目数量占比最大，均达到该类项目的 80%，这表明 CCPIP 项目和 CCT 计划资助项目主要针对金额较大的洁净煤技术的重点项目。

项目承担机构可分为大学、研究机构和企业（设有研发机构的企业）。对项目经费达到 10 万美元以上的美国煤炭利用项目的承担单位分布情况进行检索分析，检索到项目总数为 400 项，其中有 144 项由大学承担，92 项由研究机构承担，164 项由企业承担，应用型项目具体如表 1-3 所示。在承担千万（美元）级以上项目中，企业承担项目

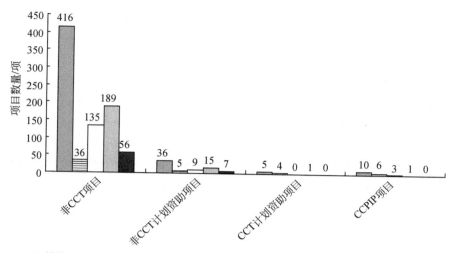

图 1-4　美国煤炭利用项目资金投入情况

的数量最多，占比达到 73.1%，这类项目以集研究、试验、示范工程于一体的综合示范项目和应用研究项目为主。相反，在十万美元级项目中，以大学承担的项目数量最多，达到 93 项，占比为 46%。

表 1-3　美国项目承担机构在不同项目中的分布情况

项目	大学	研究机构	企业	合计
千万（美元）级项目	7	7	38	52
百万（美元）级项目	44	42	60	146
十万（美元）级项目	93	43	66	202
合计	144	92	164	400
所占比例/%	36	23	41	100

　　美国煤炭项目主要集中在煤炭提质、流化床燃烧研究、煤炭转化制油、制气、IGCC 研究、碳捕获与封存等方面，这些重点技术项目统计情况如表 1-4 所示。美国在碳捕获与封存方面的项目最多，达到 79 项，其次为汞、氮氧化物、二氧化硫等多种污染物生成和脱除方面的研究项目，有 58 项。在非 CCT 计划资助项目中，汞、氮氧化物、二氧化硫等污染物生成和脱除方面的项目最多，有 13 项；在 CCT 计划资助项目和 CCPIP 项目中，从前面分析中可知在这两类项目中千万级以上项目达到 80%，因而它们项目数量虽少，但经费投入较高，具体集中在碳捕获与封存、煤气化联合循环发电系统研究、低变质程度煤炭提质研究、煤炭制油制气、燃煤污染排放控制研究方面。这表明美国非常重视煤炭高效清洁利用技术的研究开发和应用，以及对石油替代产品的研究、开发和利用。

表1-4　美国煤炭利用项目主要研究方向的分布情况　　　　　（单位：个）

研究方向	非CCT项目	CCT项目			项目总数
		非CCT计划资助项目	CCT计划资助项目	CCPIP项目	
碳捕获与封存研究	79	2	1	1	83
IGCC研究	29	1	1	2	33
流化床燃烧研究	19	3	—		22
煤炭提质	8	2	2	—	12
煤炭转化制油、制气汞、NO_x、SO_x等多种	22	1	1	2	26
污染物的排放控制	58	13		5	76
富氧燃烧研究	14	4	—		18
总数	229	26	5	10	270

　　从以上对美国煤炭低碳清洁利用项目的分析可见，美国是较早重视煤炭清洁技术研究开发和应用的国家。总的来看，其研究已经从最早的煤炭高效燃烧利用、污染物排放、碳捕获等单一计划，逐步发展到燃煤系统最初设计、高效燃烧、多种污染物排放控制、碳捕获与封存及其评价等方面为一体的系统、综合的研究和开发。从项目数量上看，自1988年至今，美国煤炭利用项目的数量有较大幅度增加，表现出美国对煤炭开发和利用技术越来越重视，尤其重视IGCC、低质煤炭提质、煤炭制油制气、燃煤污染排放控制等煤炭高效清洁利用技术的研究和开发。在项目性质分布上，美国最为重视应用研究和示范项目的开发。在项目承担机构上，美国较重视具有自主研发机构的大型能源企业的参与和加盟重大项目的研发和示范。

　　1986年为解决酸雨问题而提出的洁净煤技术示范项目（clean coal technology demonstration program，CCTDP）（1986～1993年）包括二氧化硫的控制技术、氮氧化物的控制技术、流化床燃烧技术、气化技术、先进的煤炭加工技术、清洁燃料生产技术、煤炭的工业应用。随着这些项目的顺利完成，多种污染物的排放量削减了30%～95%，CCTDP取得的技术已经满足甚至超过了环保法规的要求，同时为其在市场领域取得成功提供了可靠性和成本优势，也使美国得以继续依赖煤炭而发展。

　　1999年美国能源部推出了"梦幻21"（Vision 21）计划，计划在2015年进行近零排放的高效能源厂的基础设计，2020年开始部署未来能源厂。该计划以煤炭为基础，具有多种先进技术的组合、可用多种燃料、多联产、模块式组合和零排放的特点。该计划的先导技术是氧分离膜、氢分离膜和高温热交换器；应用技术包括燃料灵活气化、高温气体蒸汽净化、先进燃烧系统、燃料电池、燃料灵活透平、先进燃料和化学品6项；支持技术包括新型合金和陶瓷、催化剂和吸附剂、计算机模拟和虚拟、传感器等（王庆一，2001）。一旦"Vision 21"获得成功，能源将与社会、经济和环境基础设施融为一体。

　　2002年，国家能源技术实验室（National Energy Technology Laboratory，NETL）、能源部化石能源办公室国家实验室（National Laboratory of the DOE Office of Fossil Energy），以

及煤炭和电力行业（the coal and power industry），特别是煤炭利用研究理事会（Coal Utilization Research Council）和电力研究协会（Electric Power Research Institute），合作制定了美国洁净煤技术发展路线图，路线图将"Vision 21"计划实施具体化，并指出美国洁净煤技术的发展短期内需要的是能够符合当前的和新出台的环保法规且具有成本优势的环境控制技术；长期发展目标是建立近零排放的且具有 CO_2 管理能力的电力和清洁燃料厂。表1-5 为美国洁净煤技术发展路线确立的目标及其所需要的关键技术。

表 1-5　洁净煤技术发展路线确立的目标及其所需要的关键技术一览表[①]

目标	关键技术
整体厂	模块设计、系统集成、高温材料、工厂模拟、传感及控制技术、智能工厂的操作
排放控制	气体分离、燃烧、多污染物的控制、冷却系统的设计、传感器
先进的燃烧技术	超临界和超超临界蒸汽材料的锅炉和汽轮机、CFB 的放大、富 O_2 燃烧、供热和载氧概念、传感与控制
先进的煤制气发生炉	气化炉的设计和放大、空气分离、固体进料
气体净化	多污染控制、过滤材料、可再生的吸附剂
合成气发电和制备燃料	合成气燃烧、合成反应器的设计、燃料电池、混合燃料电池涡轮系统、氢气分离、氢气汽轮机、氢的储存和相关的基础设施建设
CO_2 捕获	固体吸附剂、CO_2 水合物、膜、液体吸收
CO_2 封存	直接和间接的封存概念、增值的理念、地质、海洋和土壤生态系统的影响和建模能力

据美国能源情报署预测，2030 年以后电力的消耗量每年增长约为 1%。而能够满足这种电力需求的燃煤发电却将面临着由人们对温室气体排放的担忧而导致的立法限制。虽然迄今为止，洁净煤技术示范项目已经在环境和效率方面取得重要成果，但是目前最大的挑战是未来对 CO_2 的排放限制。美国能源部已经结束了对 NO_x、汞和颗粒物控制的研发工作，而专注于 CO_2 的控制技术。为了解决温室气体的排放问题，美国能源部已经开始在洁净煤发电项目中示范 CO_2 的捕获和封存技术（carbon capture and storage，CCS）。

此外，工业化 CO_2 捕获和封存技术（industrial carbon capture and storage，ICCS）是美国国家能源技术实验室主要示范项目下的一个项目，ICCS 的目标是在一系列的地质结构中加快大规模 CO_2 的封存测试，包括 CO_2 提高石油采收率的膨胀效应，同时提供封存成本和技术可行性资料。2009 年 10 月，美国能源部宣布选择 12 个大型项目来捕获工业 CO_2，并实现储存和再利用。第一期项目工期约为 7 个月。2010 年 6 月，能源部选择了 3 个项目进入二期的设计、施工和运行。在可预见的未来，煤炭仍将为美国提供大部分电力。如果 CCS 能够解决 CO_2 的排放问题，则美国将会从燃煤发电的竞争优势、国内供应安全和与其他燃料相比相对稳定的价格中继续获益。

---

① Department of Energy，The Electric Power Research Institute，The Coal Utilization Research Council. 2002. http：// www. Netl. Doe. Gov/technologies/coalpower/cctc/technology_ roadmap. html。

1.3　煤炭清洁高效利用技术的规模、产量及工业化水平

要实现煤炭的清洁高效利用，关键在于先进的科学技术。因此，深入研究煤炭高效洁净化利用，开发高效、洁净的煤转化利用先进技术，是保障国民经济持续健康、快速发展和保护环境的迫切需要。煤清洁利用技术主要有：新型洁净煤燃烧技术、先进燃烧发电技术、煤清洁高效转化技术、污染物控制与净化技术（陈昌和等，2010）。

1.3.1　新型洁净煤燃烧技术

新型洁净煤燃烧技术主要包括处在研究阶段的化学链燃烧技术和 O_2/CO_2 燃烧技术，以及目前唯一投入商业运营且技术成熟的循环流化床燃烧技术。

（1）化学链燃烧技术

化学链燃烧（chemical-looping combustion，CLC）是国际公认的具有重要前景的 CO_2 减排技术之一。该技术通过改革传统的化石燃料燃烧方式（燃料不直接与空气接触燃烧，而是以氧载体在两个反应器之间的循环交替反应来实现燃料的燃烧过程）来直接获取高浓度 CO_2，理论上整个过程不存在能量的耗散（冯飞等，2009），其工作原理见图 1-5。

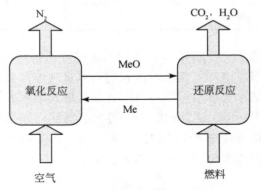

图 1-5　化学链燃烧原理示意图

1983 年，德国科学家 Richter 和 Knoche 等首次在美国化学学会（ACS）年会上提出化学链燃烧这个概念，认为其具有比传统燃烧方式更高的能量利用效率，随后发现该燃烧方式具有 CO_2 的内分离性质。随着全球对 CO_2 的广泛关注，化学链燃烧技术在 20 世纪90 年代开始迅速发展。对化学链燃烧技术的研究主要在三个方面：载氧体、反应器和化学链燃烧系统。中美两国在化学链燃烧技术方面均处于研究开发阶段。

（2）O_2/CO_2 燃烧技术

O_2/CO_2 燃烧技术又称空气分离/烟气再循环技术，用空气分离获得的纯氧和一部分锅炉排烟构成的混合气体代替空气作矿物燃料燃烧时的氧化剂，以提高燃烧排烟中的

CO_2 浓度。烟气经干燥脱水后，其 CO_2 浓度可高达 95% 以上，无需分离就可以实现 CO_2 的捕集与封存。富氧燃烧技术由 Horne 和 Steinburg 于 1981 年提出，美国阿贡国家实验室（ANL）研究证明，只需将常规锅炉进行改造就可以采用此技术。而在常规化石燃料的燃烧装置中，燃烧过程都是以空气来助燃的，空气中含有接近 79% 的氮气，因此，导致烟气中 CO_2 的浓度较低（13% ~ 16%），直接分离 CO_2 需要消耗大量的能量，成本过高。如果能在燃烧过程中大幅度提高烟气中 CO_2 的浓度，使烟气中 CO_2 的浓度达到无需分离就能回收，就能有效控制 CO_2 的排放，所以提出空气分离/烟气再循环技术（王长安和车得福，2011）。O_2/CO_2 燃烧技术的原理如图 1-6 所示。

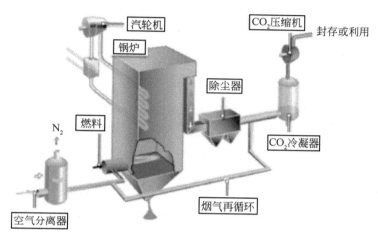

图 1-6　O_2/CO_2 燃烧技术的原理

ANL 首次进行了 O_2/CO_2 燃烧技术中试规模的研究（Wolsky et al.，1991；Herzog and Drake，1996），证明只需将常规锅炉进行适当的改造即可采用 O_2/CO_2 燃烧技术，其虽较常规燃烧方式的电站效率低，但是比使用传统燃烧同时加装喷氨脱硫设备的机组效率要高。2.94MW 容量试验系统的研究结果表明，试验中获得的最大 CO_2 浓度超过 90%（Herzog and Drake，1996）。为达到与传统燃烧相似的热传递行为，需要氧气的浓度分别为 23.8%（湿循环）和 27%（干循环），同时使 NO_x 和 SO_x 的排放量降低。美国 Air Liquide 公司和 B&W 公司在 1.5MW 的实验台架进行的试验研究得出了相近的结论（Herzog and Drake，1996）。国内目前对 O_2/CO_2 燃烧的研究主要集中在燃烧特性、颗粒物和痕量元素排放特性，以及 SO_x 和 NO_x 排放特性等方面，针对传热特性和电站整体经济性的分析研究较少。目前，仅华中科技大学有 1 套 O_2/CO_2 燃烧中试系统。

（3）循环流化床燃烧技术

循环流化床燃烧技术（circulating fluidized bed combustion technology，CFBCT）锅炉煤种适应性广、燃烧效率高，根据煤种的不同，燃烧效率为 98% ~ 99%，脱硫率可达到 98%，NO_x、CO_2 排放量低，是重要的洁净燃烧技术。目前，世界上已有百余台容量为 100 ~ 300MW 的 CFBCT 电站锅炉投入运行，约有 300 台 120MW 以上的 CFBCT 锅炉正在运行，其中 70% 以上在中国，负荷率一般可达 90% 以上（孙献斌，2009）。由美国福斯特惠勒（Foster Wheeler，FW）公司设计制造，安装在美国 JEA 电厂的 2×300MW CFBCT 锅炉（906/806t/h，17.2MPa/3.8MPa，540℃/540℃）是世界上首台 300MW CFBCT 锅炉，于 2002 年 5 月投入运行，该锅炉由于良好的运行性能和环保性能获得了 2003 年度由美国 *Power* 杂志颁发的"最佳电站奖"。

中国 CFBCT 技术开发始于 20 世纪 80 年代中期，由中国科学院工程热物理所、清华大学、浙江大学和哈尔滨工业大学等单位组织开发的循环流化床于 90 年代投入运营，最大容量达到 75t/h。目前，300MW 以下的循环流化床锅炉已经在中国实现国产化。迄今为止，已有 45 台容量为 300MW 的 CFBCT 锅炉投入运行，90 余台 300MW CFBCT 锅炉机组正在建设，中国已成为世界上 CFBCT 锅炉机组数量最多、总容量最大、发展速度最快的国家。目前中国正在自主研发 600MW 循环流化床锅炉，成立 600MW 循环流化床研发专家组，白马 600MW 循环流化床锅炉示范工程正在施工建设中（孙献斌，2009）。

（4）增压流化床燃烧循环

增压流化床燃烧循环（pressurized fluidized bed combustion combined cycle，PFBC-CC）技术到现在为止，已经发展到了第二代。第一代技术的热效率为 39%～41%，第二代技术的热效率提高到了 44%～47%，体积更小，同时保持了第一代增压流化床低温燃烧、控制 SO_2 与 NO_x 排放的优点。

20 世纪 90 年代初世界上有 4 座 PFBC-CC 电站投入商业示范运行，美国 Tidd 示范电站早在 1990 年就对 PFBC-CC 技术完成了为期 3 年的示范运行，并于 1996 年停运。美国将有 50% 燃煤电站采用 PFBC-CC 机组。第二代 PFBC-CC 技术尚处于中试阶段，美国能源部支持 Foster Wheeler 公司牵头开发的此类技术，正在进行中试规模的试验研究，并已开始商业示范电站的设计工作（王彦彦等，2010）。在中国，东南大学在 1991 年就开始设计 150MW 的 PFCC-CC，现在已经完成了中试电站的建造，接近完成中试实验的研究开发，达到了国外商业示范电站初期水平。PFCC-CC 技术是国际公认的具有发展前景的并适合中国国情的高效洁净煤发电技术，已被列入"中国 21 世纪议程"优先发展项目。

1.3.2　先进燃烧发电技术

循环流化床燃烧技术与燃气蒸汽联合循环发电结合起来，成为目前最先进的流化床联合循环发电技术之一。先进的燃煤发电技术还包括超临界、超超临界发电技术，以及整体煤气化联合循环（IGCC）。

（1）超（超）临界机组发电技术现状

目前，中国火电厂煤粉锅炉燃烧主要存在锅炉燃烧不稳定、炉膛结渣、发电效率低和环境污染等问题，解决的途径之一就是发展大型高效环保机组、建设大型超（超）临界电站和加快淘汰落后的小型火电机组。超临界压力机组已是世界上比较成熟的一项技术，超超临界发电技术是在超临界技术的基础上，通过进一步提高主蒸汽的温度和（或）压力等级来不断提高发电效率及相应的节能环保水平（阎维平，2008）。关于超超临界与超临界的划分界限国际尚无统一的标准，一般认为蒸汽压力大于 25MPa、蒸汽温度高于 580℃ 为超超临界。几种临界机组技术指标比较如表 1-6 所示。

表 1-6 几种临界机组技术指标比较

项目	常规亚临界机组	超临界机组	超超临界机组
参数	17MPa/540℃/540℃	24MPa/566℃/566℃	28MPa/600℃/600℃
热效率	38%	41%	45%
供电煤耗	320 g/(kW·h)	300 g/(kW·h)	276 g/(kW·h)

资料来源：周一工等，2011

目前，我国超超临界机组按容量通常可分为 600MW 等级和 1000MW 等级，从初参数上可分为 25MPa、600/600℃，26.25MPa、600/600℃ 和 27MPa、600/600℃ 三大类。国内的三大电力设备制造集团——上海电气集团、哈尔滨电气集团和东方电气集团，目前均能制造 600MW 等级和 1000MW 等级的超超临界机组。超临界及超超临界机组的最大优势是能够大幅度提高循环热效率，降低发电煤耗。一台 1000MW 的超临界参数燃煤机组比同容量亚临界参数机组相比每年可以节约标准煤 20 万 t 以上（阎维平，2008）。除锅炉、汽轮机部分高温材料及部分泵和阀门尚未实现国产化外，其他已基本形成了 600℃ 超超临界机组整体设计、制造和运行能力，建立了完整的设计体系，拥有了相应的先进制造设备及加工工艺技术。

截至 2012 年 4 月底，中国火电装机容量 7.7 亿 kW，占全部装机容量的 76%[①]，已投运 600℃ 百万千瓦超超临界机组 48 台，是世界上拥有百万千瓦超超临界机组最多的国家[②]。自 2006 年以来，1000MW 超超临界火电机组分别在华能玉环电厂、华电国际邹县发电厂、国电泰州电厂、上海外高桥第三发电厂、国电北仑电厂等建成投运。表 1-7 是玉环电厂和邹县电厂按照 ASME 标准进行验收的测试结果。

表 1-7 玉环电厂和邹县电厂按照 ASME 标准进行的验收测试结果

项目	华能玉环电厂	华电国际邹县电厂
锅炉效率/%	93.88	94.43
机组热效率/%	45.4	45.54
额定负荷发电煤耗/[g/(kW·h)]	270.6	270.09
供电煤耗/[g/(kW·h)]	283.2	282.28
汽轮机热耗率/[kJ/(kW·h)]	7295.8	7330.94
SO_2 排放浓度/(mg/m³)	17.6	47
NO_x 排放浓度/(mg/m³)	270	299

资料来源：朱宝田和赵毅，2008

美国是世界上最早发展超临界发电技术的国家，有 169 台超临界机组（其中多数为超超临界机组），占燃煤机组的 70% 以上，占总装机容量的 25.22%，其中单机容量介于 500~800MW 者占 60%~70%。高效超临界技术在美国得到迅速发展，投入运行的机组取得了良好的运行业绩，其经济性、可靠性和灵活性代表了当代火力发电技术的先进水平。

[①] http://www.gov.cn/jrzg/2012-06/30/content_2173918.htm
[②] http://news.bjx.com.cn/html/20121029/397516.shtml

（2）整体煤气化联合循环（IGCC）技术

IGCC 技术是指将煤炭、生物质、石油焦、重渣油等任一种或几种含碳燃料气化，并制得净化的合成气，用于燃气–蒸汽联合循环的发电技术（吕玉坤等，2010）。IGCC 技术既提高了燃煤发电效率，又提供了一种解决环境污染的有效途径，被认为是 21 世纪最具有竞争力、最有前途的洁净高效燃煤发电技术之一。

整体煤气化（IG）技术具有广泛的适用性，便于与不同技术集成，是各种先进能源动力系统的基础。整体煤气化技术的作用是将煤气化成为合成煤气，净化处理后为化工和石化企业提供洁净、高效和廉价的能源和原料。可以预料，随着 IGCC 技术的深入研究和实施，必然会涌现出一系列如整体煤气化燃料电池（IGFC）、整体煤气化湿空气透平循环（IGHAT）、整体煤气化蒸汽循环（IGSC）与整体煤气化 CO_2 捕集、利用和封存系统（IGCCUS）等煤炭清洁利用的新循环体系，它们都是以 IGCC 技术中的 IG 技术之高度发展为基础的。因而，研究和开发 IGCC 技术将为洁净煤技术的深入研发和实施开创广阔的前景。

IGCC 技术经过 30 多年的发展，已经走过了通过概念性验证、设备和系统优化以提高整体性能的阶段，在欧美国家已经进入商业化的应用阶段。迄今世界上已建（在建、拟建）的 IGCC 电站工程达 116 个，其中美国占 68 个[①]。目前世界上在建、扩建的 IGCC 电站有 30 座，总容量约为 8000MW（屈伟平，2010），据统计，全世界已经运行的 IGCC 电站有 59 座，最高发电效率已达 45%，已投入运行的 IGCC 容量一般在 50～250MW，其中最大的是美国 Freetown 电站的 440MW 机组。美国拥有 IGCC 技术的三大集团公司分别为收购美国气化炉专有技术商德士古公司的美国 GE 公司与美国贝克德工程公司组成的集团，荷兰 Shell 公司与德国西门子公司联合组成的集团公司，美国 E-Gas 公司与美国最大化工工程公司之一的 Flour 公司联合组成的集团公司。三大 IGCC 集团公司受各发电公司委托，正在进行 500MW 级、600MW 级、800MW 级、1000MW 级以煤为燃料的 IGCC 机组的设计或建设工作[①]。IGCC 洁净燃煤发电技术的热效率目前已达到 43%～45%，有望达到 50% 以上。IGCC 发电所产生的污染物仅为常规电厂的 1/10，还可以达到 99% 的脱硫效率，二氧化硫排放在 $25mg/m^3$ 左右，氮氧化物排放只有常规电站的 15%～20%，耗水只有常规电厂的 1/3～1/2（Lin et al.，2009）。IGCC 技术不仅满足了当前人们对脱硫、脱硝、除尘日益严格的要求，同时也符合列入 2010～2020 年日程的对微颗粒和金属元素的排放要求（吕玉坤等，2010）。

2003 年美国能源部提出了"未来发电"（future gen）项目，2008 年美国能源部又对该项目进行了重组。按照重组方案，计划同时建造多座具有碳捕获与封存（CCS）功能的大规模 IGCC 示范电厂。每座示范电厂计划装机容量不得小于 300MW，同时每座电厂每年至少能够捕获和封存 CO_2 的量是重组前的 2 倍，环保效果不得低于原计划的标准，计划在 2015～2016 年建成投运。但作为承担该项目的主要成员"未来发电联盟"，对该项目的时间安排存有异议，他们认为切合实际的时间安排应该是 2017 年完成建造，

---

① 上海科学技术情报研究所．2010．整体煤气化联合循环（IGCC）技术走向成熟．http：//www. Istis. Sh. Cn/list/list. Aspx？Id＝6708。

2018年年初初步运行，2022年完成试验阶段（李桂菊等，2009）。2009年，美国GE公司与中国神华集团签署了战略合作协议，其中专门提到了促进IGCC+CCS技术的商业应用。

IGCC技术在中国也得到了政府的重视，2009年9月，中国发展和改革委员会核准了由华能集团联合其他公司成立的绿色煤电公司在天津滨海新区建设IGCC示范电站的"绿色煤电"项目。所谓"绿色煤电"技术，就是以IGCC+CCS技术为基础，以联合循环发电为主，并对污染物进行回收，对CO_2进行分离利用或封存的新型煤炭发电技术。已于2009年在天津开工建设，计划在2016年左右建成的400MW级的"绿色煤电"示范工程将集成大规模煤制氢和氢能发电、CO_2捕集和封存等关键技术，实现煤炭的高效利用，以及污染物和CO_2的近零排放。同时该工程将不断提高"绿色煤电"系统的技术可靠性和经济可行性，为大规模商业化做好准备（王东，2010）。此外，大唐国际、中电投、华电、国华、神华集团等企业也将IGCC发电项目列入了各自的发展规划中（郑建涛等，2010）。

新型IGCC系统的创新与开拓包括整体煤气化燃料电池联合循环系统、燃料多样化的IGCC系统、IGCC多联产系统。因单纯发电的IGCC项目成本太高，目前的趋势是把IGCC和化工生产结合起来，实行多联产。

（3）煤基化工–动力多联产技术

以提高物质和能源综合利用效率以及减少污染物排放为目的，将传统以煤为原料、分别单独生产电力和化工的工艺过程有机耦合在一起，所形成的新型电力和洁净燃料联合生产系统称为煤基化工–动力多联产（能源）系统。煤基化工–动力多联产系统是将清洁煤发电和煤化工技术耦合的能源系统，是煤炭清洁高效利用技术发展的重要方向。煤基多联产是以煤、渣油或石油焦为原料，气化后生成粗合成气，经净化的合成气用于实现电、化、热、气的联产，即在发电的同时，联产包括液体燃料在内的多种高附加值的化工产品、城市煤气等。基于煤气化的多联产系统是将IGCC发电和煤化工技术耦合的能源系统，用煤气化之后产生的合成气来推动燃气轮机发电和生产化工产品，这个比例可以调节，并且生产化工产品的驰放气可以进入燃气轮机发电，资源可以吃干榨净。图1-7为煤基多联产系统的概念图。

该技术特点：①动力/化工过程耦合；②两个过程均得到简化；③经济性/可靠性都得到提高。之所以可以得到上述效果，是因为联产高附加值液体燃料降低了产品成本，简化了生产系统，降低了投资和运行成本（危丽琼，2009）。

自多联产系统概念提出以后，有关多联产系统的研究工作也从多个角度展开（倪维斗和李政，2011；金红光和林汝谋，2008；李文英等，2011），包括针对化学能物理梯级利用的能量转换机理研究、联产系统过程的设计及合成、系统的变工况及变负荷运行的特性分析；针对多联产系统的设计3E特性、运行风险分析、全生命周期分析等的全方位评价及评价方法的研究等；此外，还有针对多联产系统对中国能源、环境、社会等的战略意义，以及发展过程中可能面临的障碍等相关的政策分析，等等。

多联产的基本思想是将动力领域和化工领域的各种先进技术组合在一起，形成能源技术的"联合舰队"，向系统要效益，向耦合要效益。因此，除具体过程的关键技术

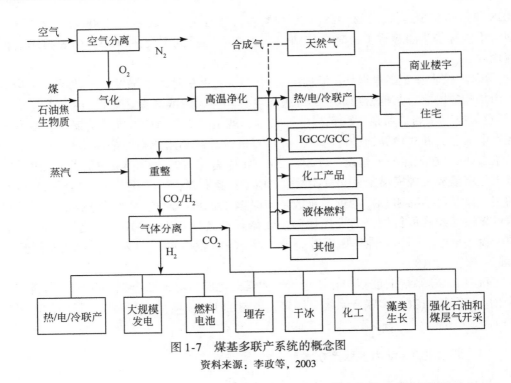

图 1-7　煤基多联产系统的概念图

资料来源：李政等，2003

（如催化剂、合成反应器、燃气轮机等）外，系统集成研究具有统领全局的重要作用，即如何设计系统结构和参数，使其不仅具有较高的设计工况效率，而且满足各种变工况运行和操作要求，以及在此条件下的可靠性、可用性和可维护性要求，使系统在整个生命周期内具备最大的经济效益和环境效益。基于以上思想，清华大学提出多联产系统集成理论，其核心研究内容主要包括以下三个方面：①联产系统性能理论研究；②系统模拟与评价方法；③系统集成优化方法。其中，基础理论是源泉，为其他两方面的发展提供理论指导；模拟评价方法是工具，为系统改进提供标准和导向，并催生基本理论的发现和创新；系统集成方法则是在其他两者基础上，形成的系统构思的基本原则和系统改进的方法、多目标优化方法。三方面相互影响，在实践中共同发展，但又相互独立，具有各自的体系和特色。

目前，以化石能源为基础的化工–动力多联产系统是国内外煤炭洁净利用领域研究的重点和热点之一，很多国家都制订了有关的研究发展计划，中国在中长期科技发展规划中明确提出，"将多联产技术作为能源科技发展的战略重点方向之一"。国外正在进行初级系统单元技术的商业化示范、系统耦合示范，以及先进系统单元技术的研发，尚未形成大规模工业化生产。中国已开始进行初级系统的单元示范和自主知识产权单元技术的研发。煤气化、煤制油、燃气轮机等多项单元技术已被列入国家"973 计划"、"863 计划"。有关科研单位和企业分别提出了符合各自发展特点的、多种形式的多联产工艺路线，并已开始进行系统集成研究。其中，太原理工大学根据山西省当地焦炉煤气丰富的特点，结合当地煤炭资源，提出了双气头多联产系统的概念，具有碳氢互补，实现碳、氢、氧原子经济性利用和水煤气变换反应的节能、降耗、少水的先进性。利用该概念建立的中试基地即将运行。流程示意如图1-8所示。

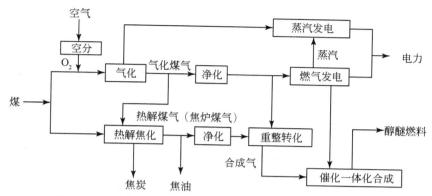

图 1-8　以气化煤气、焦炉煤气双气头为核心的多联产框架图

资料来源：谢克昌，2005

浙江大学和淮南矿业集团在完成了1MW循环流化床热电气焦油多联产实验装置的试验基础上，共同合作将1台75t/h循环流化床锅炉改造为12MW循环流化床热电气焦油多联产示范装置。如图1-9所示，该装置利用循环流化床锅炉高温循环灰作为热载体来热解煤，产生焦油、煤气和半焦。半焦送回锅炉燃烧供热和发电，燃烧后的灰渣可制成水泥或者建筑材料。煤气净化系统回收的焦油可直接销售或进一步深加工提取高附加值产品。净化后的煤气部分送回气化炉作气化介质，其余送锅炉燃烧发电或煤气用户。所建12MW循环流化床热电气焦油多联产示范装置于2007年6月完成安装，2007年8月完成72h试运行，2008年上半年完成性能优化试验，2008年10月系统投入试生产运行。75t/h循环流化床热电气焦油多联产装置的热态调试运行表明，多联产系统运行稳定，调节方便，运行可靠安全，焦油和煤气的生产稳定，实现了以煤为资源在一个有机集成的系统中生产多种高价值产品。

2009年，国电小龙潭电厂、小龙潭矿务局和浙江大学合作，以云南小龙潭褐煤为原料，在浙江大学1MW（每小时150kg给煤量）循环流化床热电气多联产试验台进行试验研究。试验研究结果成功地验证了以褐煤为原料的循环流化床热电气多联产技术的可行性，所获得的热解煤气不仅产量较高，而且有效组分含量高，同时还可以获得一定量的焦油产品，具有后续加工的价值。在试验基础上，结合小龙潭电厂现有300MW褐煤循环流化床锅炉的结构和现状，把300MW褐煤循环流化床锅炉改造为以干燥后褐煤为原料的300MW循环流化床热电气多联产装置，结果表明，系统运行稳定，操作方便，以未干燥的褐煤为原料，气化炉给煤量达到设计的40t/h，煤气产率及组分、焦油产率达到设计要求。

此外，山东兖矿集团公司、华能集团公司、神华集团公司等大型企业已经制定了多联产发展规划，并相继着手初级系统的示范或准备，计划到2015年前后实现初级系统的工业应用，并逐步向先进系统发展。事实上，兖矿集团于2006年就建成了甲醇-乙酸-电多联产系统示范工程项目，如图1-10所示。该系统年产甲醇24万t，发电功率76MW，年产乙酸20万t，实现年均销售收入61 356万元，所得税后利润总额13 310万元，财务回收期约为8.10年（骆仲泱等，2004；张彦和孙永奎，2007）。该系统是世界

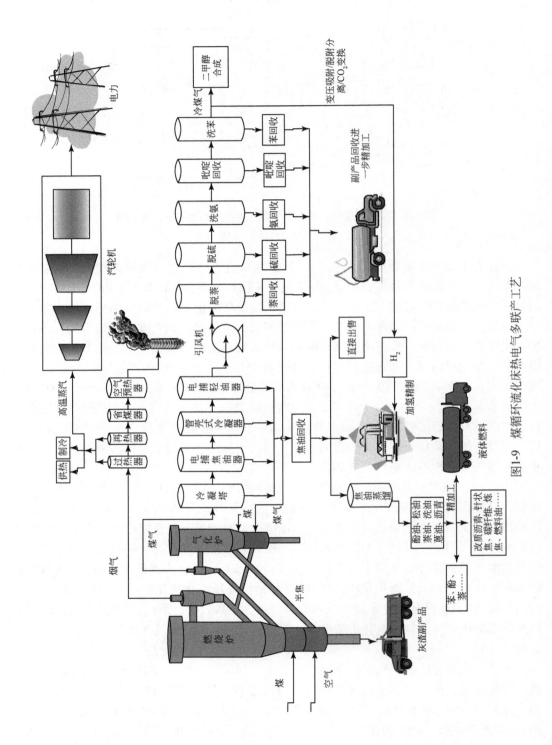

图1-9 煤循环流化床热电气多联产工艺

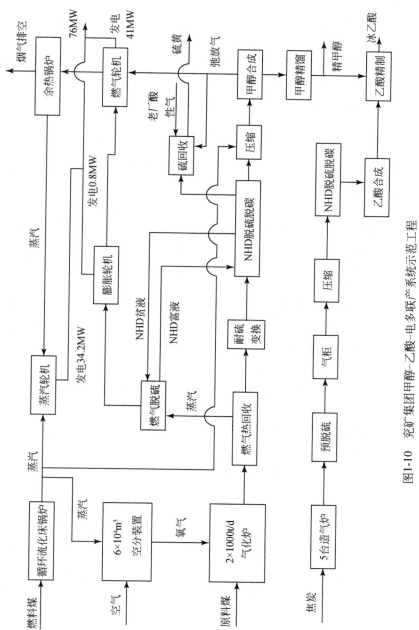

图1-10 兖矿集团甲醇-乙酸-电多联产系统示范工程
资料来源：骆仲泱等，2004

上第一套多联产系统示范工程，目前受到国内煤价过高、上网电价偏低等因素的影响，系统整体效益偏低。为了弥补经济收益上的不足，该集团公司扩大了化工生产子系统规模，导致没有足够的气源可供发电子系统装置运行。因此，燃气–蒸汽联合循环发电子系统已于1年前停止示范运行。因此，除了技术之外，多联产在推广的路上，确实存在有效益问题。尽管如此，兖矿多联产系统的成功示范经验，对推动中国多联产事业的发展仍然具有重要意义。

目前，化工–动力多联产领域中重点研究甲醇-IGCC或二甲醚-IGCC，汽油-IGCC联产，当甲醇合成或二甲醚合成实现低循环或无循环时，其节能优势是非常显著的，如在单产甲醇或二甲醚装置中采用无循环合成可大幅提高生产能力，但需面对的问题是合成放空气量的增加，会导致气耗增加，从而影响经济效益，因此采用合成放空气实现燃气–蒸汽联合循环发电成为最好的组合，即形成整体煤气化联合循环（IGCC）发电产业。化工与电力联产无疑比化工和电力分别生产能显著提高能量利用率和经济效益。相对于分产而言，联产比分产节约原煤（同等煤质）约5%，相对节能率为15%~20%。随着煤基多联产技术和煤炭转化技术的发展，化工产业将得到相应的发展。近几年在下游行业快速发展的推动下，中国煤化工行业主要产品产量保持了较快增长。其中，焦炭产量2010年度较2006年度增长了38.31%，甲醇产量2010年度较2006年度增长了87.7%，焦炭和甲醇价格也正稳步回升。焦炭价格由2009年均价1292.32元/t回升至2010年均价1850元/t；甲醇价格年均价已由2009年的1472.89元/t回升至2010年1766.20元/t，进入2011年后回升更加明显（程靖等，2010）。工业和信息化部组织在上海闵行区、山西、陕西推广高比例的甲醇汽油M85和M100，意味着经过多年省级试点后甲醇汽油已获得国家层面的认可。按照2010年汽油表观消费总量为7100万t，用M15调配的甲醇汽油替代汽油约1000万t，以及用M85调配的汽油替代汽油600万t计算，这方面的甲醇消费量可达600万~700万t，占甲醇年消费总量的1/3。随着甲醇燃料的不断推广，甲醇有望在近几年中实现产销两旺（王明华等，2008）。

美国早在20世纪90年代就发展了多联产系统。1995年，在美国空气产品和化学品有限公司（Air Product & Chemicals）与伊斯曼（Eastman）化学产品公司合作，以及美国能源部（DOE）的资助下，采用甲醇液相反应器技术（LPMEOH™）、二甲醚液相反应器技术（LPDME）的商业示范工厂在美国得克萨斯州的LaPorte开始建立。1997年该项目建成，4月份投入生产，装置开工率为97.5%，至今已经有十多年的运行经验（李现勇等，2004；钱伯章，2007）。新的煤基甲醇和动力联产示范工程如图1-11所示。

分析表明，该系统的燃料适应性比较强，可以适应多种碳质原料；产品基于市场需求的灵活性好，可以根据市场的需求调节产品间的生产；负荷调节跟踪性能好，可以根据实际负荷要求来调节发电量。先进单元技术良好的集成能力使IGCC部分作为基本负荷发电性能良好，当气化炉可用率由设计值96%降为84%时，甲醇发电单元仍可达到93%的负荷，而高附加值的甲醇产品也可以降低单独IGCC发电的费用。

为了低成本地消除电力和交通部门利用化石能源而带来的环境问题，1998年美国制定了"Vision 21"多联产系统，这是一种强调多种先进技术的集成，大力推进煤炭的高效洁净综合利用技术，以期最终实现近零排放的煤炭利用系统。IGCC和化工产品联产是"Vision 21"中的重要内容，该计划提出：在2015年实现基于煤气化的燃气轮机

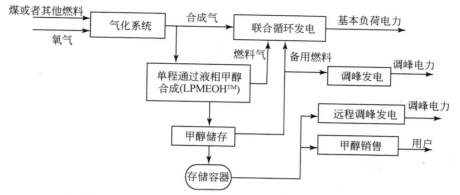

图 1-11　LaPorte 单程通过液相甲醇和电力联产示范项目

资料来源：钱伯章，2007

发电、车用液体燃料和化工产品的联产。其流程如下：原料煤与空分系统的氧气在气化炉中产生粗煤气，粗煤气经过水煤气变换反应后分离出氢和 CO_2，其中氢通过高温固体氧化物燃料电池和燃气蒸汽轮机组成的联合循环转换成电能，其发电效率（HHV）预计可达 60%（李现勇等，2004），电池余热用作供热，H_2 还可作为交通运输的超洁净燃料，CO_2 可以埋存或者挪作他用。

2003 年年初，美国政府宣布开始执行"未来电力"（future gen）能源项目，投资 10 亿美元，计划在 10 年内建设一座以煤气化为基础，联产氢和 275MW 电，并结合 CO_2 捕集与封存，实现 CO_2 和污染物近零排放的新一代清洁能源示范厂。该项目在 2008 年进行了重组，将重心转移到支持多座 IGCC 或其他先进燃煤电站示范 CO_2 捕集与封存技术上。还有 Texaco EECP 示范工厂将 Texaco 的煤气化技术和 Rentech 公司的费托合成技术结合，以煤和（或）石油焦为原料实现电力、液体燃料和化学品联产。Mitretek 系统公司在美国能源部的支持下，对煤基联产系统中 CO_2 的处理进行研究，对多种联产方案进行技术、经济比较，指出先进的联产技术有望实现煤综合利用过程近零排放（李现勇等，2004；肖云汉，2008）。当前，美国正在进行路线图制定、初级系统的工程示范，同时启动先进系统的关键技术和系统技术研究，规划在 2015 年完成包括电力、氢、液体燃料生产和 CO_2 分离的先进系统的商业化示范（刘涛，2006），如图 1-12 所示。

（4）太阳能与燃煤复合发电技术

太阳能热发电源于 20 世纪 70 年代初的石油危机，自此世界主要发达国家都逐步开始发展太阳能热发电，建立多个试验电站并有部分已投入商业运行（阎秦，2011）。但太阳能的不稳定性、不连续性和蓄热技术的限制，促使欧美等发达国家自 20 世纪 90 年代以来提出通过提高太阳能热发电系统的热力性能，以缩减太阳能热发电成本。因此，太阳能与化石能源联合热发电得到了广泛关注，太阳能与燃煤机组集成发电就是其中的一种复合发电系统。

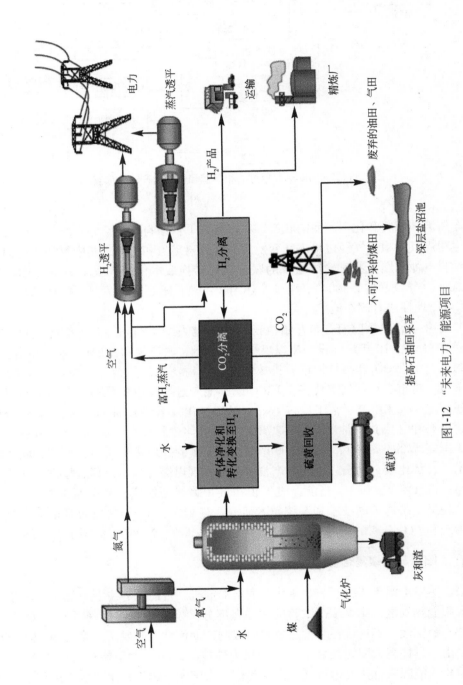

图1-12 "未来电力"能源项目

　　当前煤炭消费中的主要浪费，是"高品位的煤当低品位的煤来利用"。当前用煤发电的原理，是直接用煤加热冷水，耗能量较大。如果先用太阳能将冷水加热，再用高品位煤炭加热，把热水变成高温高压水蒸气来发电，将产生重大的环境和经济效应。太阳能与燃煤机组集成发电系统是指将太阳能作为燃煤电站的辅助热源，在白天，尤其夏季等日照充足时段，使用聚光集热装置将太阳光转化为介质的热能，再转化为电能；而在阴天、夜晚等日照不足时使用传统燃煤发电技术。太阳能与燃煤机组集成发电系统一般由 4 部分组成：①燃煤锅炉蒸汽发生系统；②太阳能集热蒸汽发生系统；③汽轮机动力系统；④发电系统。其中①、③、④部分合起来即为传统燃煤发电系统，②、③、④部分合起来即为单纯太阳能热发电系统。图1-13为太阳能与燃煤机组集成发电系统。

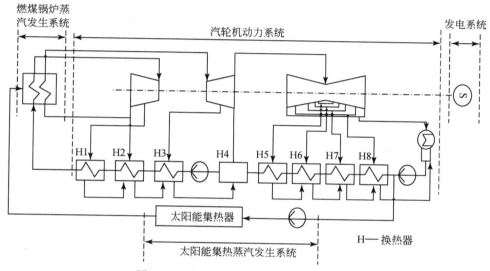

图 1-13　太阳能与燃煤机组集成发电系统

　　太阳能与燃煤机组集成发电系统简单来说是太阳能热发电与燃煤发电的结合，因此既具备太阳能热发电与燃煤发电的优点，又避免了各自单独发电的不足。主要表现在以下几个方面：①提高燃煤发电系统的热力性能；②降低燃煤发电对有限能源的消耗和污染物排放；③提高太阳能热发电的热电转换效率；④降低日照对太阳能热发电的影响；⑤削减太阳能热发电的投资成本（王修彦等，2012）。

　　世界上第一座太阳能光热与燃煤联合发电项目（Colorado integrated solar project, CISP）位于美国科罗拉多州，机组装机容量为 49MW，太阳能部分设计产生 1MW 的电力。太阳能集热场通过与常规电厂给水系统相连的热交换器接入，向锅炉提供预热水。联合发电项目利用了常规电厂已有的主要设备和设施。太阳能集热场部分由西班牙 Abengoa 公司设计建设，该项目投资预算为 450 万美元。2010 年 6 月，改造后的电厂正式成功并网，验证了太阳能光热与常规火电机组联合发电的可行性。目前，国内外多家研究机构都针对太阳能与燃煤机组发电相关技术（如太阳能集热方式、太阳能与火电机组耦合特性、热力学特性，以及系统集成优化与仿真模拟等）进行了大量的基础研究，并取得较为理想的成果（阎秦，2011）。多家国际太阳能公司也将目光投向太阳能与燃煤复合发电技术，称此项技术将为太阳能热发电打开新的应用领域。

我国在太阳能与燃煤发电技术方面的研究正在经历一个从无到有的过程,目前尚处在起步和研究阶段。结合我国煤炭资源和太阳能资源分布具有较大重合度的特点,设置大容量太阳能与燃煤复合发电机组,既可以高效利用太阳光热转换系统提供的热量,解决在西北部荒芜地带建设单纯太阳能热发电厂所面临的电网长距离传输问题,又可以充分发挥燃煤电厂大容量、高蒸汽参数和高效率的技术优势,利用现有电站成熟可靠的系统和设施,从而使火电厂具有更高的发电效率,同时达到降低燃料消耗和减少污染物排放的目的。因此,无论是从技术发展的迫切性,还是从技术应用前景的广阔性来看,太阳能与燃煤发电一体化技术的开发和应用是很有必要的。2009年10月,"中国太阳能光热产业技术创新战略联盟"成立,该联盟计划在"十二五"期间,争取在中国建设1000MW级规模的太阳能热发电站。2012年发布的《可再生能源发展"十二五"规划》中提出,"十二五"期间,可再生能源的投资需求总计约1.8万亿元,平均每年为3600亿元,其中水电约800亿元,风电约5300亿元,太阳能约2500亿元。我国"十二五"规划纲要指出,推动能源生产和利用方式变革,构建安全、稳定、经济、清洁的现代能源产业体系,加快新能源开发,推进传统能源清洁高效利用。这为太阳能与燃煤机组集成发电系统提供了基本的政策支持,但明确、具体、稳定的指导意见及相关政策之间的协调性还不够完备,还需要进一步形成持续发展的长效机制。

太阳能热发电在商业上没有得到大规模应用,这是由于目前太阳能热发电系统的发电成本高,约为常规火力发电的5~10倍,而根本原因则是太阳能聚光、集热、蓄热技术不甚成熟。集成系统相比单纯太阳能热发电已省去了蓄热装置及新建动力系统,成本已大大下降,但因太阳能能流密度低,所以其仍需要大面积的光学反射装置和昂贵的接收、聚光集热装置以获取足够的太阳辐射热量。因此,当前太阳能与燃煤机组集成发电技术研究的重点之一就是加强太阳能聚光、集热技术的研究与开发,提高聚光比、集热效率和可靠性,为集成系统的规模化推广应用提供技术支撑。

1.3.3 煤清洁高效转化技术

煤清洁高效转化技术是煤炭洁净、高效利用过程中的重要技术,清洁转化可将煤炭转化为多种化工原料、液体燃料。煤炭的清洁转化技术主要包括洁净煤液化技术、洁净煤气化技术。以煤气化、煤液化为技术核心,发展煤制油、煤制烯烃、煤制乙二醇等项目。

(1) 煤制油

按照合成工艺的不同,煤制油技术可以分为煤直接液化和煤间接液化两种。目前世界上典型的煤直接液化主要有德国 IGOR 工艺、日本的 NEDOL 工艺和美国的 H-COAL 及 HTI 工艺。美国的 H-COAL 工艺在20世纪80年代进行了600t/d的规模试验,HTI 工艺在1995年进行了3t/d的规模试验(张扬健,2011)。目前,国外煤直接液化试验装置已经全部停止运转或拆除,部分相对成熟的技术处于封存和储备状态,已经完成的最大工业试验装置规模为处理煤量600t/d(任相坤等,2010)。

进入21世纪以后,中国政府决定支持神华集团开展煤直接液化技术的开发和产业化示范工作。国家批准的项目建议书拟建设的规模为500万t/a,分两期建设。2002年9月,国家发展和改革委员会批复了神华煤直接液化项目第一期工程可行性研究报告。

可行性研究报告提出第一期工程将分两步实施，先建设一条 100 万 t/a 的生产线（先期工程）。2004 年 8 月，国家发展和改革委员会批准项目开工建设。神华鄂尔多斯百万吨级煤直接液化示范项目 2007 年建成，核心技术采用神华集团和煤炭科学研究总院联合开发的煤直接液化技术。2008 年 12 月 31 日第一次投煤试车成功，打通了全部生产流程，产出合格油品，连续稳定运行 13d、投煤 303h。经过一年多的调试，该项目从 2010 年 5 月开始日均产成品油 2000~2800t（姚斌等，2011）。2009 年，示范生产线运行 1466 小时，2010 年运行 5172 小时，2011 年已经累计运行 6720 小时，2012 年有望突破 7440 小时的设计运行时间（王金龙和黄杰，2013）。

世界上目前比较成熟的煤间接液化技术主要有：南非 SASOL 公司的 FT 合成技术、荷兰 Shell 公司的 SMDS 技术、Mobile 公司的 MTG 合成技术。目前已经工业化的煤间接液化技术只有南非 SASOL 公司的 FT 合成技术和荷兰 Shell 公司的 SMDS 技术，Mobil 公司的 MTG 合成汽油技术在新西兰建成 1 座生产能力为 57 万 t/a 合成汽油的天然气基工厂，1985 年投产，汽油的总产率达到 90%，辛烷值为 93.7，证实了该技术的成熟可靠（王光彬，2009）。

中国也已经具备了建设万吨级规模生产装置的技术储备，在关键技术、催化剂研究开发方面拥有了自主知识产权，如中国科学院山西煤炭化学研究所开发的 SMFT 合成技术，2009 年 3 月利用该合成技术建于内蒙古鄂尔多斯的煤间接液化工业示范装置试车成功，所产柴油符合欧洲 V 号标准，截止到 2010 年 6 月 30 日 12 点，稳定运行 5640h，整套生产线达到满负荷稳定运行状态，每日生产成品油 483t。山西潞安间接液化煤制油项目也是采用中国科学院开发的技术，2008 年，钴基固定床合成装置产出第一桶油；2009 年，铁基浆态床合成装置也正式出油；2010 年，潞安煤基合成油示范项目规模达 21 万 t/a。在此基础上，山西潞安矿业集团计划建设 360 万 t/a 的大规模生产装置（姚斌等，2011）。2011 年 12 月，兖矿集团榆林百万吨煤间接制油示范项目正式启动。

据业内专业人士介绍，到 2020 年中国煤制油产业将形成 3000 万 t 的产能规模，主要参与者包括神华集团、神华宁煤集团、内蒙古伊泰集团、兖矿集团、山西潞安矿业集团等。

（2）煤制烯烃

烯烃是重要的化工原料，作为石油化工核心产品，被称为"石化工业之母"。乙烯产量已成为衡量一个国家石油化工发展水平的标志，其生产能力被看作一个国家经济实力的体现（张殿奎，2009）。传统的烯烃产品如乙烯、丙烯的制取路线主要是通过石脑油裂解生产的，其缺点是过分依赖石油。从能源安全角度和成本考虑，通过发展煤化工获得乙烯、丙烯是一条可靠的途径。煤制烯烃包括煤气化、合成气净化、甲醇合成及甲醇制烯烃 4 项核心技术，其中前 3 项技术已经十分成熟，并已实现商业化（佚名，2009）。

国内外具有代表性的甲醇制烯烃技术包括以乙烯和丙烯为目标产品的 MTO（methanol to olefin）技术和以丙烯为目标产品的 MTP（methanol to propylene）技术。到目前为止，经历实验室和工业示范装置的运行，并取得了较好成果的有美国环球油品公司（UOP）的 MTO 工艺、UOP 与海德鲁公司（Norsk Hydro，NH）共同开发的 UOP/Hydro MTO 技术、中国科学院大连化学物理研究所的 DMTO 工艺、中国石油化工股份有限公司的 SMTO 工艺、鲁奇公司的 MTP 工艺和清华大学的流化床甲醇制丙烯的 FMTP 工艺（邢爱华等，2010）。表1-8是几种煤制烯烃技术的性能比较。

表1-8　几种煤制烯烃技术的性能比较

项目来源	UOP	大连化学物理研究所	中国石油化工股份有限公司
工艺名称	MTO	DMTO	SMTO
甲醇转化率/%	99	99.18	99
乙烯+丙烯收率/%	78	78.71	78.24
甲醇进料量/(t/d)	0.75	50	100

UOP公司的MTO工艺终端产品收率为乙烯40%，丙烯38%，甲醇转化率接近100%。该工艺被法国道达尔石化公司采用，该公司在比利时建成了全球首个甲醇制烯烃/烯烃裂解中试装置，2009年9月初次试车成功。2008年，UOP公司与尼日利亚甲醇公司签署了商业化技术许可协议，将MTO技术与烯烃裂解装置联合，生产130万t/a的丙烯和乙烯，计划在2012年建成。神华集团包头煤化工分公司60万t/a煤制烯烃工业示范工程于2011年1月1日正式开始商业化运营。神华集团公司的煤制烯烃示范项目是"十一五"期间国家核准的唯一煤制烯烃项目，属国家确定的5个现代煤化工示范工程之一，项目总投资约170亿元。核心技术采用具有中国自主知识产权的DMTO。该工艺的甲醇转化率接近100%，乙烯和丙烯的合格率达到了99.9%。神华宁煤集团年产50万t煤基烯烃项目于2011年5月成功产出合格聚丙烯产品，标志着这一目前世界最大的煤制丙烯项目全面进入试生产阶段。该项目以煤为原料，最终年产50万t聚丙烯，副产18.48万t混合芳烃、4.12万t液态燃料、1.38万t硫黄，达产后年产值近80亿元。据介绍，该项目采用了世界首次工业化应用的GSP煤气化装置和MTP甲醇制丙烯装置，对装置主工艺流程进行了大规模的技术改造，优化了技术工艺，解决了制约稳定运行的瓶颈问题（张玉卓，2011）。引进技术建设的大唐国际多伦46万t煤制丙烯（MTP）项目已于2011年9月打通全部流程，实现整套装置全线流程贯通，产出终端合格产品聚丙烯。2012年3月16日，多伦煤化工项目正式转入试生产。整个项目设计产能为年产46万t聚丙烯，副产18万t汽油、3.6万t LPG、3.8万t硫黄等[①]。

（3）煤制乙二醇

乙二醇是一种重要的有机化工原料，主要用于生产聚酯和各类抗冻剂。与煤制油、煤制天然气相比，煤制乙二醇不仅具有更高的附加值，而且在合成气利用方面的经济效益更好。

煤制乙二醇，即用煤制成合成气，再以合成气中的CO和H_2为原料制备乙二醇，可分为直接合成法、甲醇甲醛合成法和草酸酯合成法。直接合成法是最简单、有效的途径，即使反应选择性和转化率较低，也具有很大的实际应用价值，但因其反应条件苛刻，时至今日，直接法取得的成果还不足以实现工业化，如果能够有突破，使反应在较温和的条件下进行，则将非常有竞争力。甲醇甲醛合成法中的煤制烯烃还需要过几年才

---

① 大唐发电内蒙古多伦46万吨煤制丙烯成功试产．国际煤炭网，http://coal.in-en.com/html/coal-09030903 791328044.html.2012-3-22。

能走向成熟，实现商业化。草酸酯合成法是煤经过气化得到 CO、氢气，再经羰基化生成草酸酯并进一步加氢精制得乙二醇的过程，该方法工艺条件要求不高，反应条件相对温和。目前在内蒙古通辽已经成功建成了全球首套 20 万 t/a 工业示范装置。该装置采用 CO 气相催化合成草酸酯和草酸酯催化加氢合成乙二醇工艺，具有全套自主创新知识产权，以褐煤为原料，投资约 21 亿元，投产后营业年收入约 15.3 亿元，年利润总额约 8.9 亿元，总投资收益率为 40.9%（刘雨虹，2011）。但目前煤制乙二醇技术还不成熟、不完整，主要存在催化剂稳定性差、产品质量差、规模放大等问题。

1.3.4　污染物控制与净化技术

　　煤在燃烧利用过程中会释放大量的污染物，主要包括 SO_2、NO_x、烟尘和温室气体 CO_2。在新的排放标准编制中，中美两国都增加了汞排放控制指标。烟气中的 CO_2 会产生温室效应，硫化物导致酸雨的形成，NO_x 会引起酸雨、破坏臭氧层及产生化学烟雾等环境问题，严重威胁到人们的正常生活。利用污染物控制与净化技术可有效地减少有害气体的排放。现代化大型火力发电厂的除尘装备比较完善，除尘效率已高达 99% 以上，因此，目前烟气净化的任务是研发低成本、高效率的脱硫（SO_2）、脱硝（NO_x）和 CO_2 的捕集与封存（CCS）技术。典型的烟气净化系统，如图 1-14 所示。

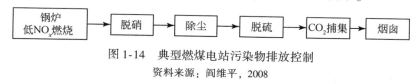

图 1-14　典型燃煤电站污染物排放控制

资料来源：阎维平，2008

1.3.4.1　脱硫技术

　　根据控制 SO_2 排放的工艺在煤炭燃烧过程中的位置，可将脱硫技术分为燃烧前脱硫、燃烧中脱硫和燃烧后脱硫三种。燃烧前脱硫主要包括煤炭的洗选、煤转化（煤气化、液化、水煤浆技术）。燃烧中脱硫是指型煤固硫技术、煤粉炉直接喷钙脱硫技术、流化床燃烧脱硫技术。其中流化床燃烧脱硫技术包括常压鼓泡流化床燃烧技术、常压循环流化床燃烧技术、增压鼓泡流化床燃烧技术和增压循环流化床燃烧技术。燃烧后脱硫（FGD，烟气脱硫技术）主要应用于电厂等大型煤炭燃烧设备。

　　燃烧前脱硫方法包括物理法、化学法和生物法。表 1-9 为三种燃前脱硫方法的性能对比。燃烧中脱硫方法主要包括炉内喷钙技术、流化床燃烧技术及型煤技术，三者的除硫率分别为 50%、大于 70%、40%~60%（邵中兴和李洪建，2011）。燃烧后烟气脱硫是目前世界上唯一大规模商业化应用的脱硫技术，是脱硫效率最高、技术最成熟、控制二氧化硫的主要技术手段，其他方法还不能在经济、技术上与之竞争。

表 1-9　三种燃前脱硫方法的性能对比

比较项目	物理法	化学法	生物法
脱除硫的种类	无机硫	有机硫	有机硫和无机硫
脱硫效率	50%	较高	较高
脱硫成本	最廉价	成本较高	成本低

资料来源：徐涛和刘晓红，2008

中国电力部门从 20 世纪 70 年代开始研究 SO_2 控制技术，在 80 年代中期开始加强对烟气脱硫技术的研究力度。1991 年首次在重庆珞璜电厂 2 台 360MW 机组上安装了"石灰石-石膏"湿法烟气脱硫装置，首开我国在大容量机组上配备烟气脱硫装置的先河。经过十余年的摸索，至 21 世纪初，我国已经基本具有了湿法烟气脱硫设施设计、安装和运行的能力。在此基础上，近年来，随着我国节能减排工程的推进，以及环保要求的不断加严，燃煤发电机组实施烟气脱硫的力度不断加大。2005~2010 年，全国带烟气脱硫设施的火电机组装机容量从 0.48 亿 kW 增长至 5.78 亿 kW，如图 1-15 所示；到 2010 年，全国火电机组脱硫比例由 2005 年的 12% 提高到 2010 年的 82%。

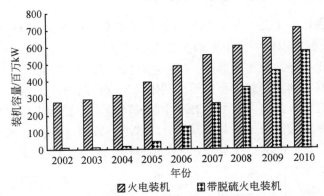

图 1-15　2002~2010 年我国火电厂烟气脱硫机组发展情况

电力部门中烟气脱硫设施的快速建设使我国电力行业 SO_2 排放量在发电量快速增长的情况下明显降低。根据中国电力企业联合会的分析，与 2005 年相比，我国的电力部门 2010 年的 SO_2 排放绩效降低了 55%。我国燃煤发电机组 2010 年的平均 SO_2 排放绩效为 $2.8g/(kW \cdot h)$，优于美国 2008 年 $4.5g/(kW \cdot h)$ 的水平。电力部门 SO_2 排放量的成功削减使我国 SO_2 的年排放总量在"十一五"期间国民经济年均增速高达 11.2%、煤炭消费总量增长超过 10 亿 t 的情况下，较 2005 年下降了 14.29%，超额完成了"十一五"的减排目标。

中国主要电站的烟气脱硫技术有石灰石-石膏湿法、喷雾干燥法、双碱法、海水脱硫法、电子束法。石灰石-石膏湿法脱硫率达 95% 以上，适用煤种不限；喷雾干燥法脱硫率为 80%，适用煤种为中低硫煤；双碱法脱硫率为 85%，适用煤种为低硫煤；海水脱硫法脱硫率为 90% 以上，适用煤种为低硫煤；电子束法脱硫 90%，适用煤种为中高硫煤。典型的脱硫技术性能如表 1-10 所示。

表 1-10　典型脱硫技术性能

指标	石灰石-石膏湿法	海水脱硫	氨法脱硫	常规 CFB
工艺流程简易情况	流程较复杂	主流程简单	流程复杂	流程较简单
工艺技术指标	脱硫效率大于 95%，脱硫剂为海水	脱硫率大于 90%，Ca/S 为 1.1	脱硫率大于 90%，脱硫剂为氨水	脱硫率大于 85%，Ca/S 为 1.2

续表

指标	石灰石–石膏湿法	海水脱硫	氨法脱硫	常规 CFB
脱硫副产品	主要为 $CaSO_4$，目前尚未利用	副产品为硫酸盐，经处理后排入大海	硫铵肥料出售	烟尘和 Ca 的混合物，目前尚未利用
推广应用前景	燃烧中低硫煤锅炉	燃烧低硫煤锅炉	燃烧高中硫煤锅炉	燃烧中低硫煤锅炉
电耗占总发电量的比例	1%～1.5%	1.5%～2%	1%～1.5%	0.5%～1%
技术成熟度	大规模运用	最大装机容量 1000MW	国内已有工艺示范	国内已有工艺示范
环境特性	好	很好	很好	很好

美国 FGD 技术研究自 20 世纪 70 年代初开始，特别是 1977 年重新修订了大气清洁法，否定了高烟囱排放，使 FGD 技术迅速发展，并取得了很大的进展。在美国，应用最广泛的烟气脱硫技术是石灰石–石膏湿法，占 90% 以上，其次是双碱法和碳酸钠法。目前美国正在研发 $E\text{-}SO_x$ 法脱硫，脱硫效率 50%～60%，美国还开发了 ADVACAT 工艺，脱硫效率达到 90%。

1.3.4.2　脱硝技术

目前，对燃烧产生的 NO_x 污染的控制技术可分为两类：生成前的控制，如燃料脱氮、低 NO_x 燃烧工艺；生成后的烟气脱硝。在前者的两种技术中，燃料脱氮技术至今尚未很好开发，国外虽开发了一些低 NO_x 燃烧工艺技术和设备并已部分应用，但其脱硝效率不高，所以，烟气脱硝是目前 NO_x 污染控制的主要技术。在 20 世纪 50 年代，发达国家就开始 NO_x 生成机理和控制方法的研究工作。至今实现大规模商业化应用的主要有两类技术：①燃烧调整，即低 NO_x 燃烧技术，包括低 NO_x 燃烧器技术（LNB）、空气分级燃烧技术和燃料分级燃烧技术等；20 世纪 70 年代末和 80 年代，低 NO_x 燃烧技术的研究和开发达到高潮，开发出了低 NO_x 燃烧器等实用技术；进入 20 世纪 90 年代，低 NO_x 燃烧器得到了大量的改进和优化，日臻完善。②催化还原法烟气脱硝技术，主要有选择性催化还原法（SCR）烟气脱硝技术和非选择性催化还原法（SNCR）烟气脱硝技术（宋闯等，2010）。烟气脱硝原理首先由 Engelhard 公司发现并于 1957 年申请了专利，1973 年由 Nakajima 等将其引进日本并逐渐发展，80 年代初在日本率先实现工业化；SNCR 烟气脱硝技术由美国 Exxon 公司发明并于 1974 年在日本成功投入工业应用。

从 20 世纪 80 年代中后期开始，我国电力部门在引进国外先进大容量燃煤发电机组的同时，也引进了燃煤锅炉低氮燃烧器制造技术。从 20 世纪 90 年代中期开始，我国新建的 300MW 及以上火电机组基本上都使用了低氮燃烧器。21 世纪以来，新建燃煤机组全部按要求采用了低氮燃烧技术，一批已有机组也结合技术改造，加装了低氮燃烧器。安装低氮燃烧器，使用低氮燃烧技术，可以使燃煤发电锅炉的 NO_x 产生量降低约 30%，基本上达到现行电厂锅炉大气污染物的排放标准（GB13223—2003）的限值要求。据统计：2000 年我国火电装机中采用低 NO_x 燃烧技术的约有 5000 万 kW，约占当年火电总装机容量的21.05%，到2010年年底，全国火电装机容量6.5亿kW中超过70%采用了低氮燃烧器并有部分加装了烟气脱硝装置，预计到"十二五"末，低NO_x燃烧技术的采用率将会达到95%以上。

低NO_x燃烧技术的主要特点：工艺成熟、投资和运行费用低。对NO_x排放要求非常严格的国家（如德国和日本），均是先采用高效低NO_x燃烧器减少一半以上的NO_x，后进行烟气脱硝，以降低脱硝装置入口的NO_x浓度，减少投资和运行费用。低NO_x燃烧技术是目前各种降低NO_x排放技术中采用最广、相对简单、经济有效的方法，但它减少NO_x的排放有一定的限度。由于降低燃烧温度、减少烟气中氧的浓度等都不利于煤燃烧过程本身，所以，各种低NO_x燃烧技术都必须以不会影响燃烧的稳定性，不会导致还原性气氛对受热面的腐蚀，以及不会不合理地增加飞灰含碳量而降低锅炉效率为前提。因此，仅仅通过安装低氮燃烧器仍然不能满足日益提高的对NO_x排放的控制需求。

截至2011年年底，全国已投运的烟气脱硝容量1.4亿kW，其中采用SCR工艺的占93.31%，采用SNCR工艺的占6.28%，采用SNCR+SCR工艺的占0.41%（王志轩，2012）。目前，欧洲、日本、美国是对燃煤电厂NO_x排放控制最先进的地区和国家，除了采取燃烧控制之外，大量使用的是SCR烟气脱硝技术。SCR、SNCR性能指标比较如表1-11所示。SCR为目前主流且技术成熟的烟气脱硝技术，具有脱硝效率高、应用广泛等特点。通过设置不用的催化剂层，能稳定获得不同的脱硝效率，最高可达80%以上。煤粉炉采用低氮燃烧和SCR组合技术后，NO_x的排放可控制在$200mg/m^3$以下，300MW以上机组（不包括燃用无烟煤、贫煤的现役机组）可达$100mg/m^3$以下。SCR脱硝工艺的核心之一是催化剂，目前广泛应用的主要是金属氧化物催化剂，分子筛催化剂尚处于实验室和小规模研究阶段。SNCR工艺以炉膛为反应器，通过锅炉改造并加装尿素/氨水喷射器，实现NO_x的脱除，具有建设周期短、场地要求少、脱硝率30% ~ 80%、投资成本和运行成本较低、适合中小型锅炉改造等特点。其缺点是氨逃逸率较高，形成的铵盐对下游设备有较严重的腐蚀和堵塞倾向，易生成N_2O，且随着锅炉容量的增大，脱硝效率呈下降趋势，机组负荷变化时，控制有难度等。

表1-11　几种脱硝技术的性能指标

项目	SCR	SNCR
脱硝效率/%	>85	30 ~ 80
投资及运行费用高低	高	低
可靠性	很高	高
操作性	最好	好
操作温度/℃	200 ~ 500	900 ~ 1100
NH_3与NO摩尔比	0.1 ~ 1.0	0.8 ~ 2.5
NH_3泄漏量/ppm	<5	2 ~ 20

注：$1ppm=1\mu l/L$。

资料来源：马东祝等，2011

1.3.4.3　脱硫脱硝一体化技术

一体化工艺是指将脱硫脱硝技术合并在同一个设备中。许多发达国家已经开发出多种一体化装置，但实现工业化应用的较少，大部分尚处在中间试验阶段。按照脱除机理的不同，一体化技术可分为两类：一类是联合脱硫脱硝技术，另一类是同时脱硫脱硝技术。联合脱硫脱硝技术是指将传统的脱硫技术（如干法钙基脱硫）和脱硝技术（如 SCR、SNCR）组合在一套设备中的技术。该类技术在脱除机理上与传统的单独脱硫、脱硝相比并没有新的突破，SO_2 和 NO_x 的脱除仍是在两个不同单元中进行。同时脱硫脱硝技术才是真正意义上的一体化脱除技术，用一种反应剂在一个过程内将烟气中的 SO_2 和 NO_x 一并脱除。同时脱硫脱硝技术有等离子体脱硫脱硝法、湿法氧化（还原）吸收法、络合吸收法、生物质活性炭吸附法以及氮氧化物直接催化分解技术。前面两种目前都处于研发试验阶段，后面三种由于存在的困难较大，在燃煤烟气脱硫领域基本没有实际应用。

（1）等离子体脱硫脱硝

等离子体脱硫脱硝是 20 世纪 70 年代发展起来的烟气同时脱硫脱硝技术。它是利用高能电子使烟气（60～100℃）中的 N_2、O_2 和水蒸气等分子被激活电离裂解，生成大量离子、自由基和电子等活性粒子，将烟气中的 SO_2 和 NO_x 氧化，与喷入的氨反应生成硫酸铵和硝酸铵。根据高能电子的来源，等离子体技术分为电子束照射法（EBA）和脉冲电晕等离子体法（PPCP）。前者采用电子束加速器，后者采用脉冲高压电源。

实验结果表明，EBA 的 SO_2 脱除率超过 95%，NO_x 脱除率为 80%～85%；PPCP 脱硫脱硝率均达到 80% 以上（赵毅和方丹，2010）。等离子体脱硫脱硝技术工艺流程简单、副产物可作为化肥销售，不产生废水、废渣等二次污染，处理后的烟气可直接排放；但由于需要采用大容量、高功率的电子加速器，所以其耗电量大、电极寿命短、价格昂贵，从而使烟气辐射装置不适合大规模应用，此外反应产物为气溶胶［烟气中的 SO_2、NO 被活性粒子和自由基氧化为高阶氧化物 SO_3、NO_2，与烟气中的 H_2O 相遇后形成 H_2SO_4 和 HNO_3，在有 NH_3 或者其他中和物注入的情况下生成 $(NH_4)_2SO_4/NH_4NO_3$ 的气溶胶］，比较难捕集。目前该技术仍不成熟，尚处于研制阶段，工业应用尚有一定距离。

（2）湿法氧化（还原）吸收法

湿法氧化（还原）吸收法是利用液相化学试剂将烟气中的 NO_x 吸收并转化为较稳定的物质从而实现脱除，其关键在于氧化剂的选取，包括二氧化氯氧化吸收法、过氧化氢氧化吸收法、臭氧氧化吸收法和高锰酸钾氧化吸收法等。它的最大优点是可同时脱硫脱硝，但目前尚存在一些有待解决的问题：①NO 难溶于水，吸收前需将 NO 氧化成 NO_2，氧化过程成本过高；生成的亚硝酸或硝酸盐需进一步处理；②会产生大量的废水；③目前湿法氧化（还原）脱硝技术仍处在实验室阶段。

脱硫脱硝脱汞一体化技术。环保型、经济化、资源化是烟气净化处理工艺的总体趋势，一体化装置和系统可以降低工程的投资和运行管理费用，并且可以发挥装置的潜在能力。研究开发适合中国国情一体化脱硫脱硝技术是燃煤电厂控制污染物排放的发展方向之一。其中湿法脱硫脱硝一体化技术目前还处于实验室试验和工业示范阶段。主要问题是氧化剂成本高，装置运行成本高，存在二次废水需要处理。电子束等离子体脱硫脱硝技术主要问题是电子枪装置不够稳定，投资和运行成本较高，技术不够成熟，尚不能商业化，目前未有大型商业示范工程。

美国 Powerspan 公司开发的电子催化剂氧化技术（electro-catalytic oxidation，ECO），已在美国俄亥俄州 First Energy 公司 RE Burger 电站燃高硫烟煤的 150MW 机组烟气出口旁路上采用。ECO 将多种可靠技术结合在一起，只需一次处理，就可以达到同时去除 NO_x、SO_2、$PM_{2.5}$、汞及其他重金属。此技术也可以降低别的空气毒性化合物和酸性气体，如砷、铅、HCl，它的副产品可以用作肥料，降低了操作成本，减少了垃圾废物的处置，它的成本是分别安装各种污染物控制设备的 1/2。ECO 过程对多污染物的去除包括 4 个步骤：第一步为电晕放电反应器将污染物氧化成高价氧化物，如 NO 和 NO_2 被转化成 HNO_3，一部分 SO_2 被转化成 H_2SO_4，Hg 被氧化成 HgO；第二步为氨洗涤器，用来脱除屏障放电器中未转化的 SO_2 和 NO_2；第三步为湿式静电除尘器（wet electro-static precipitater，WESP），它用来捕获放电反应器产生的酸性气溶胶、细颗粒物和氧化汞，也可以捕获氨洗涤器产生的气溶胶，氨洗涤器产生的液体流包括溶化的硫酸铵、硝酸铵（ASN）、Hg、捕获颗粒物；第四步回收系统，氨洗涤器产生的液体被送入一副产品回收体系，包括过滤去除灰与活性炭吸附去除 Hg，经过处理的副产品硫，不含有 Hg 和灰，能够用于形成硫酸铵或硝酸铵结晶状或颗粒状肥料。一些固体，包括灰分和不可溶的金属化合物，通过过滤均可去除。随后通过活性炭吸附床，再用硫浸渍，和汞化合物反应，能够被吸附床强烈吸附。据估计汞用活性炭去除的成本为每克汞 1.6 美元（含媒介和处置费）。ECO 技术污染物去除效果见表 1-12。

表 1-12　ECO 技术污染物去除效果

污染物	去除效率/%
SO_2	98 ~ 99
NO_x	90
Hg	80 ~ 90
颗粒物	95

资料来源：高永华，2010

1.3.4.4　烟气除尘技术

烟尘是中国最早开始控制的大气污染物之一。由于电力部门燃煤量最大、排放集中，电厂锅炉烟尘的控制在我国一直领先于其他部门。我国电力部门的烟尘控制始于 20 世纪中后期：在 20 世纪 70 年代前，大多数的火电厂均使用机械除尘或水膜除尘器；70 年代开始少数的电厂安装静电除尘器；从 80 年代开始，对电力部门的低效除尘器进行改造，并开始推广静电除尘器等高效除尘装置；90 年代以来，随着排放标准的逐步加严，各发电企业进一步加大了烟尘治理力度，静电除尘器的比例不断增长，从 1990 年的 34% 增长到 2000 年的约 80%（王志轩，2003）。2003 年后新建的火电厂，均按照 GB13223—2003 排放标准的要求进行设计和建造，普遍配备四、五电厂的高效静电除尘器，保证烟尘排放浓度不高于 $50mg/Nm^3$。此外，大型机组（300MW 和 600MW）配套的袋式除尘器或电袋复合除尘器也开始商业运行。图 1-16 列出了不同时段烟尘排放标准及主要的除尘技术。从图中可以看出：历次烟尘排放标准的提高，都显著促进了除尘技术的进步和除尘设备的升级。

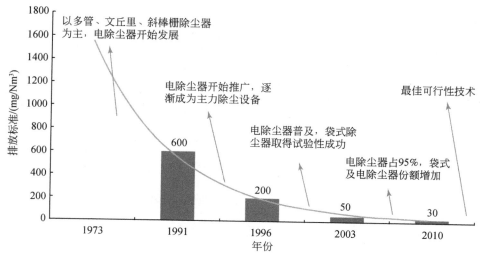

图 1-16　不同时段烟尘排放标准及主要的除尘技术

除了除尘设施外，现在在电厂中广泛使用的湿法脱硫设施也能在一定程度上降低烟尘的排放量。Zhao 等（2010）总结了我国近年来电厂锅炉除尘设施前后烟尘浓度的测试结果，根据其结果推算得到我国目前电厂锅炉配套的主要除尘设施平均去除效率，列于表 1-13。随着静电除尘和袋式除尘器技术的发展，如静电除尘器的高频电源技术和袋式除尘器中的覆膜滤袋技术等，其对烟尘，尤其烟尘中粒径较小的 PM_{10} 和 $PM_{2.5}$ 的去除效率还将进一步提高。

表 1-13　近年来我国电厂煤粉炉使用的除尘器对颗粒物的平均去除效率

（单位：%）

项目	$PM_{2.5}$	PM_{10}	烟尘
水膜	66.3	80.6	93.1
静电	92.0	95.7	98.6
静电+湿法脱硫	96.3	98.6	99.7
袋式	99.5	99.8	99.9

烟气除尘技术主要包括电除尘器技术、袋式除尘器技术和电袋复合除尘技术。其中电袋复合除尘器除尘效率最高，可达 99.9%（连平等，2011），另外两种的除尘效率也高达 95% 以上（王志轩，2010），其主要技术性能可参考表 1-14。美国目前约 80% 的装机容量采用的是电除尘器，仅有 20% 的采用袋式除尘器，但美国新建的电站大多采用袋式除尘器，因为达到严格的排放限制需要使用大型的电除尘器，而且袋式除尘器可以更好地实现汞的控制（王志轩，2003）。截至 2009 年年底，中国采用电除尘器的燃煤机组装机容量所占比重已达 95%。截至 2008 年年底，中国燃煤电厂 125MW 以上容量机组已投运袋（电袋）除尘器的机组容量 14 777MW，约占火电总装机的 2.5%（Henry and Shieh，2008）。目前，电力工业已形成以高效电除尘器、袋式除尘器和电袋复合除尘器为主的格局，到 2012 年，其构成比例大致为电除尘器约占 90%、袋式及电袋复合除尘器约占 10%。

表 1-14　不同主流除尘器的技术性能对比

内容	电除尘器	袋式除尘器	电袋复合除尘器
除尘器工作原理	利用静电吸引原理，依靠电场力使烟气中的悬浮粉尘从烟气中分离	通过惯性碰撞、扩散和筛分作用，把烟气中悬浮的粉尘过滤下来	前级采用电除尘器，后级采用袋式除尘器
本体压力损失	≤300Pa	1400～1900Pa	600～1500Pa
粉尘特性对除尘效率的影响	影响大，特别是比电阻高的粉尘难捕集	只要所选滤料合适，几乎不受影响，能捕集比电阻高、电除尘难以回收的粉尘	几乎不受影响
烟气温度的影响	能耐较高的烟气温度（<300℃）	不适用于高温烟气（<200℃）	不适用于高温烟气（<200℃）
安装要求	严格	相对容易	严格
经济性	达到小于 50mg/Nm³ 的要求，初投资大	初投资比电除尘略少，运行费用高	初投资介于二者之间
能耗	电场能耗高	清灰能耗小，但引风机能耗高	比电除尘器和袋式除尘器运行能耗节约 20% 左右
维护	检修工作量小，但需停机检修	换袋工作量大，可以不停机检修	介于两者之间，原因是滤袋的寿命较袋式除尘器长 2 倍
排放浓度	现阶段很难（或长期）达到小于 50mg/Nm³	在滤袋不破损的条件下，能保证小于 50mg/Nm³	在滤袋不破损的条件下，能保证小于 50mg/Nm³
对超细粉尘和重金属捕集效果	对 1～5μm 的超细粉尘的捕集效果差	对 1～5μm 的超细粉尘和重金属的捕集效果好	对 1～5μm 的超细粉尘和重金属的捕集效果好
发展现状	约 94% 的燃煤机组采用	约 5.5% 的燃煤机组采用	约 0.5% 的燃煤机组采用
新进展	采用高频电源，节电的同时可提高除尘效果	滤袋材质有所改进，成本降低，寿命延长	综合二者的新进展
存在问题	燃煤偏离设计值、特殊粉尘、选型偏小、安装调试及维护问题等	国产滤料质量问题、对烟温和烟气成分敏感性、气流分布及风速、袋笼等	电区和袋区之间的结合，配置结构、结构参数的优化，滤料氧化，检修困难等

1.3.4.5　汞排放控制技术

煤中含有微量重金属元素，在高温燃烧过程中，某些微量重金属元素会挥发成金属蒸气，并发生氧化等反应，在烟道气温下降时冷凝为固态，随烟尘一起排放到大气中。汞是这些微量重金属元素中人们最关心的元素之一，其排放后随着干沉降和湿沉降进入水体，会被鱼类摄入，最终通过食物链影响全球的生态圈和人体健康。我国是全球排放汞最多的国家，燃煤致汞排放量超过全国汞排放量的 40%（Wu et al.，2006）。

燃煤电厂的汞主要以三种形式排放：零价汞（Hg^0）、颗粒态汞（Hg^p）和二价汞（Hg^{2+}）。其中后两种形式汞的排放都主要集中在烟尘中，尤其是烟尘中的超细颗粒物，因此对电厂锅炉排放的细颗粒物进行控制，也可以达到削减汞排放的目的。此外，烟气脱硫设施和烟气脱硝设施也能在一定程度上削减汞排放。一个使用了烟气脱硫、脱硝和高效除尘（静电除尘器或袋式除尘器）的电厂，其对煤炭燃烧生成汞的去除效率有望达到 50%~95%（Sloss，2008）。

目前，燃煤电厂脱汞技术研究主要围绕燃烧过程来进行，分为燃烧前脱汞、燃烧中控制和燃烧后脱汞，其中对燃烧后脱汞技术的研究最多。

（1）燃烧前脱汞

燃烧前脱汞，即在煤燃烧前通过洗选煤和低温热解来减少煤中汞的含量。通过煤炭洗选，汞的平均去除率为 38.8%，而先进的化学物理洗煤技术去除率能够达到 64.5%。根据汞的挥发特性，可在不损失碳元素的温度条件下，通过燃煤的低温热解，减少汞的含量，最终达到降低汞排放的目的。

（2）燃烧中控制

燃烧过程中专门控制汞排放的研究较少，但针对其他非汞污染而采用的一些控制技术，可不同程度地将烟气中元素态汞转化成氧化态汞从而利于后续非汞污染物控制设施的吸附和捕集。主要技术包括：煤基添加剂技术，即在煤上喷洒微量的卤素添加剂，利用其在燃烧过程中释放的氧化剂，将元素汞转化为二价汞；炉膛喷射技术，即在炉膛的合适位置，直接喷射微量氧化剂、催化剂或吸附剂等，提高 Hg^0 氧化成 Hg^{2+} 的比例或直接吸附汞；低氮燃烧技术，因其炉内温度相对较低，利于烟气中氧化态汞的形成；流化床燃烧技术，一是颗粒物在炉内滞留时间较长，增加了颗粒对汞的吸附作用，二是其炉内温度相对较低，利于 Hg^{2+} 的形成。

（3）燃烧后脱汞

燃烧后脱汞，即对煤燃烧后排放烟气中的汞进行处理，使其易于被电厂各类除尘、脱硫、脱硝等设备捕获。方法有：向烟气中喷入活性炭、飞灰、金属吸收剂等吸附剂来吸收烟气中单质汞的吸附剂法；喷洒碘化钾、硫化钠等化学溶液，使之与烟气中的汞发生化学作用产生沉淀物加以脱除的化学试剂法；在烟气进入脱硫塔前加入诸如碳基类物质的催化剂以促使单质汞氧化成二价汞化合物的催化剂氧化法等（胡一蓉，2011）。

利用现有的非汞污染物控制设施（如脱硝、除尘和脱硫设施）对汞的协同控制作用降低汞的排放，是目前控制汞排放最经济、最实用的技术。以选择性催化剂还原烟脱硝设施（SCR）为例，利用其催化剂对 Hg^0 的催化作用，可将部分 Hg^0 氧化为 Hg^{2+}，进而可以将烟气中 Hg^{2+} 浓度提高约 25%~35%。烟尘颗粒物的吸附作用，使除尘设施具有协同控制汞排放的功能。电除尘器可减少的汞排放约 37%，布袋除尘器的效果优于电除尘器。同时烟尘吸附的 Hg^0 中约有 5% 在烟尘中某些金属氧化物的催化作用下，氧

化为 Hg^{2+}。在低温度条件下 Hg^{2+} 易溶于水的特点，使湿法脱硫设施在洗涤烟气时，能高效地吸收 Hg^{2+}，其去除率可达 80%～90%。另外一种燃后脱汞技术则是使用专用的、具有最高脱汞效果的技术，如美国正在研究开发的 TOXECON 技术等。表 1-15 为典型汞排放控制技术的性能对比。

表 1-15　典型汞排放控制技术的性能对比

分类	控制技术	技术性能	控制成本
燃烧前控制	洗煤技术	汞含量减少 20%～64%	中
	煤低温热解	汞含量减少 60%～90%	中
燃烧中控制	煤基添加剂技术	Hg^0 氧化率提高 60%～90%	中
	炉膛喷射技术	Hg^0 氧化率提高 60%～90%	中
燃烧后控制	基于现有非汞污染物控制设施的脱汞技术	Hg^{2+} 排放减少 30%～90%	低
	专属脱汞技术	脱除率 90% 以上	高

目前国内在汞排放技术控制方面存在的主要问题有：一是对控制汞排放的重要性缺乏深刻的认识，意见不一，尚未统一思想；二是尚未摸清汞排放的规律和实际情况；三是尚未形成汞排放控制的指标体系和技术路线、技术指南、技术标准体系等；四是尚未建立汞排放测算、监测、统计和考核体系及相关基础设施；五是尚需加强适合国情的汞排放监测与控制关键技术的研发、试点和应用；六是政府尚未制定积极的支持政策、经济政策、环境政策、管理制度和保障措施等；七是尚需建立完善的国内外技术交流与合作平台。

国内对汞的排放控制技术研究虽刚刚起步，还没有完全成熟的技术进入商业应用，但汞污染防治工作近年来已经受到我国政府的高度重视，2009 年下发的《国务院办公厅转发环境保护部等部门关于加强重金属污染防治工作指导意见的通知》将汞污染防治列为工作重点；2010 年 5 月又发布《国务院办公厅转发环境保护部等部门关于推进大气污染联防联控工作改善区域空气质量指导意见的通知》，进一步提出建设火电机组烟气脱硫、脱硝、除尘和除汞等多污染物协同控制示范工程；2011 年国务院批复了我国第一个"十二五"专项规划——《重金属污染综合防治"十二五"规划》；2011 年 9 月 21 日，号称"世界最严"的排放标准——《火电厂大气污染物排放标准》正式出台；随着到 2015 年 SO_2、NO_x 排放总量分别削减 8% 和 10% 约束性指标的颁布，我国燃煤电厂对污染物的控制将在"十一五"的基础上，形成以 SCR、ESP/BP（电除尘/布袋除尘）、FGD 为主的技术路线。

为此，要实现 GB13223—2003 新修订中燃煤汞排放控制在 $0.03g/m^3$ 的要求，燃煤汞排放的控制将形成以 NO_x、烟尘、SO_2 控制设施对汞的协同控制为主，辅以燃烧前控制、燃烧中控制和脱汞技术的技术路线。目前，我国电力行业尚未公开发布燃煤汞排放的数据。但据国内外相关研究机构的研究结果，2008 年燃煤汞产生量为 222t，排放量为 135t，预计 2015 年产生量为 359t，如严格执行新修订的 GB13223—2003 对汞排放的要求，届时汞排放量为 135t。

美国自 20 世纪 90 年代中期开始对汞的排放进行控制，为开发燃煤汞排放的控制技术，做了大量的工作，包括根据煤的类型、吸附剂和其他添加剂的类型、温度和运行条件，针对汞控制装置的控制效率，开展广泛而全面的试验。美国能源部支持吸附剂喷射脱汞技术从小试、中试到工业试验的过程。试验表明，配备布袋除尘的系统比配备静电除尘的系统的脱汞率要高。美国能源部同时研究湿法烟气脱硫工艺中通过添加化学添加剂来提高湿法烟气脱硫的脱汞能力，研究基于钙基吸收剂和氧化剂的多种污染物控制技术，来提高脱硫效率，降低污染控制的投资费用。2005 年 3 月 15 日，美国环境保护署颁布了汞排放控制标准（CAMR—*Clean Air Mercury Rule*），使美国成为世界上首个针对燃煤电站汞排放实施限制标准的国家，这表明世界在汞污染控制的道路上已走出了重要的一步。针对汞排放领域制定相应控制标准将是大势所趋。美国环境保护署还制定了煤公用事业环境成本手册，用于评估在发电厂内控制大气污染（包括汞）的成本。截至 2010 年 6 月，美国已经有 169 个机组安装了或者计划安装汞污染控制设备（陶叶，2011）。

1.3.4.6　CO_2 减排技术

CO_2 捕获和封存（CCS）是燃煤减排 CO_2 的主要方法。通常，CO_2 捕获的技术路线可以分为燃烧前脱碳、燃烧后脱碳、富氧燃烧和化学链燃烧技术，如图1-17所示。

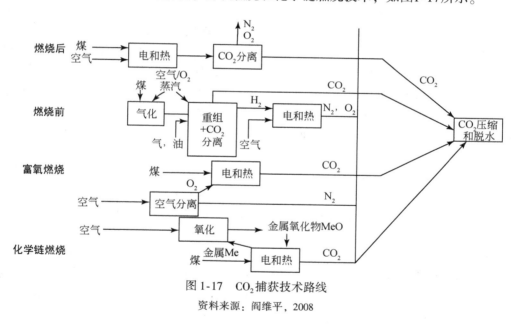

图 1-17　CO_2 捕获技术路线

资料来源：阎维平，2008

燃烧前脱碳技术是将煤首先进行气化得到合成气，在合成气净化后进行变换，最终变为 CO_2 和 H_2 的混合物，再对 CO_2 和 H_2 进行分离。IGCC 是典型的可以进行燃烧前脱碳的系统。燃烧后捕集主要针对尾气捕集 CO_2，且 CO_2 分离需要相对清洁的尾气。捕集装置一般设计在静电除尘器、脱硫脱硝装置之后，因为 SO_2 和 NO_x 这些酸性气体会使捕集设备中的溶剂中毒，颗粒物质会影响溶剂性能并毁坏设备。CO_2 分离装置主要是对尾气中的 CO_2 和 N_2 的分离，尾气中的 CO_2 浓度较低，从而增加了分离的成本。在燃烧后的烟气中分离和捕集 CO_2 的技术有化学吸收法、物理吸收法、吸附法、膜分离法和低温分离法等。基于吸收法的燃烧后捕获技术已经被证实可以商业化，胺吸收法是当前最现实的选择。富氧燃烧技术首先要制取富氧或纯氧，然后用氧气代替空气燃烧，生成的烟气主要成分是 CO_2 和水蒸气，很容易得到高浓度的 CO_2。这可能需要重新设计锅炉，同时会带来燃烧、传热方面的新问题。目前大型富氧燃烧技术正处于研究阶段。

近年来，CCS 技术成为减排技术的研究热点。全球目前一共有 3 个工业规模的 CCS 项目正在运行中（李雪静和乔明，2008）：一是挪威国家石油公司在北海开展的 CCS 项目，该项目将捕获收集起来的 CO_2 储存到 1000m 海床的含盐地层，处理能力约为 100 万 t/a，这是世界上首例 CCS 项目；二是始于 2000 年的加拿大的 Weybum 项目，该项目采用的是 CO_2 驱采油技术（CO_2-EOR），在提高石油采收率的同时，每年注入约 150 万 t CO_2；三是阿尔及利亚的 In Salah 项目，该项目将 CO_2 注入地下以提高天然气采收率（CO_2-EGR），年注入量约为 120 万 t。

在 CCS 概念基础上，近年来中国学者提出了 CCUS 的概念。增加的字母 U 代表英文"utilization"，中文是"利用"的意思。CCUS 概念提出的本意是改善 CCS 的直接经济效益，从而推动和加速这一技术的发展。早期发展 CCS 的主要难点在于低技术程度和高经济成本，因此，对可能的 CO_2 利用方式和技术的研究和开发就显得十分重要。

CO_2 的利用技术有 CO_2-EOR、CO_2-ECBM（强化甲烷开采技术）、化学利用、物理利用和生物固化（罗金玲等，2011）等。CO_2-EOR 技术已经作为一种成熟的技术被广泛地应用在油田生产实践中，采用 CO_2 作为驱油剂采收率可提高 10% ~ 15%。从 20 世纪 70 年代开始，国外通过注入 CO_2 提高石油采收率的研发工作就一直在进行，并且地面工艺也日趋完善，其中美国是实施 CO_2-EOR 最成熟的国家，每年大约向地下注入 5000 万 t 的 CO_2 用于强化采油。2006 年，在世界范围内有超过 90 个 CO_2-EOR 项目，美国就有 82 个。国际能源机构（IEA）评估认为，世界适合 CO_2-EOR 开发的资源约为 3000 亿 ~ 6000 亿桶。在我国一些老油田附近的发电厂、化工厂等产生大量的 CO_2，它们可以考虑收集 CO_2 气体，液化后输送到毁弃的油井、气井中，把 CO_2 埋藏到地下底层，同时可增加石油、天然气的产量。美国多数 CO_2-EOR 项目使用的 CO_2（约 70%）来自天然 CO_2 气藏提供的高压、高纯度的 CO_2，其余 CO_2-EOR 项目的 CO_2（约 30%）来自人工捕集的 CO_2，如来自气化过程及化肥厂废气处理得到的 CO_2。其总用量的大约 40% 循环使用，60% 埋存在地下。目前，美国及欧洲的一些国家（地区）都在进行该技术的研究和工程实践，显示出良好的应用前景。美国 Permian 盆地的 10 个 CO_2-EOR 项目实践表明，在储层中注入纯净的 CO_2，平均每桶原油需要 $164m^3$ CO_2 替换，采收率可提高 10.9%。美国在 CO_2 盐水层封存也有成功示范，美国东南碳封存联盟（Southeast Regional Carbon Sequestration Partnership，SECARB）的密西西比盐水层封存项目，位于密西西比州南方电力公司 Daniel 电厂北部靠近墨西哥湾北部沿海的位置，共钻两口井，1 口注入井和 1 口监测井，两口井相距约 48m。2008 年 10 月注入了 3027t CO_2，平均注入速度是 180t/d，注入速度受到在线加热器能力的限制（张玉卓，2011）。

2010 年 12 月，美国提出 CCS 技术示范路线图，该路线图聚焦于为燃煤发电系统提供具有成本效益的先进 CCS 技术，重点关注高效、经济的解决方案，以快速实现商业化。能源部目前正在寻求多个示范项目，使用接近 40 亿美元的联邦资金，匹配的私人投资超过 70 亿美元，以开展 10 年内先进 CCS 技术的广泛部署。2012 年 5 月 3 日，在匹兹堡 11 届 CCUS 国际年会上，美国能源部规划了关于煤基能源及 CCUS 的研究战略：近期计划，在 CCUS 方面改进效率，降低污染物排放，减少水污染，减少温室气体排放，力争 CO_2 捕集的成本在 60 美元/t；远期计划，提高效率，温室气体近零排放，颗粒污染物近零，水的使用也近零排放，并生产电力和多种附加产品。CO_2 捕集的成本将力争到 25 美元/t。战略具体内容主要包括煤炭与电力的研发和主要示范工程的建设两部分。煤炭与电力的研发主要包括以下 9 个方面：CO_2 捕集（6.89 亿美元）、CO_2 封存（1.154 亿美元）、高级能源系统（9990 万美元）、高级燃烧系统（1.59 亿美元）、气化（3900 万美元）、燃气轮机（1500 万美元）、燃料电池（2500 万美元）、燃料（500 万美元）、交叉学科研究（4910 万美元）。目前，正在开展超过 500 个研究项目，总的研究经费达 163 亿美元，其中能源部负责 58.8 亿美元，其余的 105.8 亿美元由项目其他参与方负担，主要示范工程包括 Future Gen 2.0、清洁煤电革新（clean coal power initiative，CCPI）和工业化运营的 CCS 工程。美国政府计划在 2016 年左右有 5~10 个商业规模的 CCS 示范项目上线。表 1-16 为美国能源部支持的 CCS 示范项目。

表 1-16　美国能源部支持的 CCS 示范项目

	承担单位	地点	CO_2 捕获技术	捕集率（Mt/a）	利用方式	起始年份
PC 电厂（燃后捕集）	NRG 能源公司	汤普森斯 得克萨斯州	胺法	~0.5	驱油	2015
	美国电力公司	纽黑文 西弗吉尼亚州	冷冻氨法	1.5	盐层埋存	2015
	未来发电联盟	梅勒多西亚 伊利诺伊州	富氧燃烧捕集	1.0	盐层埋存/驱油	2015
IGCC 电厂（燃前捕集）	顶峰电力公司	奥德萨 得克萨斯州	塞勒克索尔法	3	驱油	2014
	南方公司	肯珀县 密西西比州	塞勒克索尔法	2.0	驱油	2014
	氢能源公司	克恩县 加利福尼亚州	低温甲醇法	2	盐层埋存/驱油	2013
工业化运营 CCS 项目	莱卡迪亚能源公司	莱克查尔斯 路易斯安那州	低温甲醇法	4	驱油	2014
	空气产品公司	阿瑟港 得克萨斯州	塞勒克索尔法	1.0	驱油	2013
	阿彻丹尼尔斯米德兰公司	迪凯特 伊利诺伊州	塞勒克索尔法	1	盐层埋存	2014

由于煤炭在我国的电力结构中的比重超过 80%，我国的火电 CO_2 排放量一直处于高位。近年来，随着大容量、高参数机组在我国火电机组中的比例逐渐提高，我国燃煤机组的总体能源利用效率有了明显进步，单位火电发电量的 CO_2 排放显著降低。据中国电力企业联合会分析，2011 年我国电力行业单位发电提供热的 CO_2 排放量接近 800g/（kW·h），仍然远远高于美国 550g/（kW·h）的水平。

　　此外，我国以煤为主的电源结构在近期和中期内都不会有明显变化，随着电力燃煤的进一步增加，我国电力燃煤锅炉的总体 CO_2 排放量还将进一步增加。为了减少我国电厂锅炉的 CO_2 排放量，中国对 CCS 技术相当重视，2008 年，中国已经确定将重点研究减缓温室气体排放技术，包括 CO_2 捕集、利用与封存技术。通过一些国家重大课题部署来研究 CCS 技术的各个环节，中国企业和科研院所在 CCS 领域已具备一定的技术基础和研发实力。发电行业是目前中国 CCS 示范项目的主要领域，2008 年 7 月 16 日，中国首个燃煤电厂 CO_2 捕集示范工程在华能北京热电厂建成投产，并成功捕集出纯度为99.99% 的 CO_2，捕集后的 CO_2 用于食品加工业。这一工程由西安热工研究院完成，全部采用国产设备，目前 CO_2 回收率大于 85%，年可回收 CO_2 3000t。2009 年，华能上海石洞口第二热电厂 CO_2 捕集项目正式投入运行，年捕集 CO_2 10 万 t。

　　中国电力投资集团投资建设的重庆合川双槐电厂 CO_2 捕集项目于 2010 年 1 月投运。该套装置每年可处理 $5 \times 10^7 m^3$ 烟气，从中捕集 1 万 t 浓度在 99.5% 以上的 CO_2，捕集率达到 95% 以上。在 CO_2-ECBM、CO_2-EOR 及 CO_2 盐/咸水层封存方面，中国也进行了大量的研究和示范，取得了不错的成效。中联煤层气公司在山西沁水盆地实施了两个CO_2-ECBM 项目。第一实验井从 2003 年 10 月开始注入 CO_2，累计净注入 193t，实验结果表明，注入 CO_2 后煤层气的采收率得到了显著提高。第二个 CO_2-ECBM 实验项目累计净注入 234t。截至 2010 年 5 月底，中石油 2007 年启动的"吉林油田含 CO_2 天然气藏开发和资源综合利用与埋存研究"项目在 CO_2 驱油与封存先导试验现场累积注入液态 CO_2约 12.2 万 t，控制封存 CO_2 8 万 t，CO_2 驱累积产油 5.1 万 t。同时，年分离与捕集 20 万 tCO_2 的装置在吉林油田建成。预计到 2015 年年末，将达到 CO_2 驱油 50 万 t 的生产能力，控制封存 CO_2 约 80 万~100 万 t。延长石油集团承担的科技部重大科技项目"陕北煤化工 CO_2 捕集、埋存与提高采收率技术示范"于 2012 年正式启动，将延长石油集团煤化工项目排放的 CO_2 收集净化，建成 40 万 t/a CO_2 捕集装置和 15km² 、100 个注采井组、近 400 口油井的 CO_2 回注采油示范基地，实现年埋存 CO_2 15 万 t 以上、增油 10 万 t 以上、原油采收率提高 5%~8% 的目标。神华集团实施的 10 万 t/a CCS 项目是中国首个 CO_2盐/咸水层封存项目，于 2011 年正式注入 CO_2，截至 2012 年 2 月 23 日，神华 CCS 项目已经累计注入 16 000 多吨，各项指标优于设计参数，注入状态良好。一口注入井、两口监测井的监测数据完整，连续监测 9 个多月，累计采集数据 2700 万组。另外，中国科学院武汉岩土力学研究所承担了中国科学院通辽 CO_2 盐/咸水层封存项目，采取非纯CO_2 封存方法，从浓度为 10%~15% 的 PC 电厂 CO_2 排放源进行捕集，以压缩混气为主、超临界封存和化学封存为辅的方式，在盐/咸水层深度为 180~250m、砂岩厚度 70m、盖层为 5m 的选址地进行气化封存。该项目从 2009 年年底开始试注入，2010 年 1 月 10 号~1 月 29 号正式注入 85t CO_2 及十几吨空气，并将 CO_2 浓度控制在 85%~95%（张玉卓，2011）。表 1-17 为我国 CO_2 捕集工业试点和示范工程的总体情况，表 1-18 为中国 CCUS 技术部分筹建项目情况。

表 1-17　中国有关 CCS 工业试点和示范工程的总体情况

项目名称	地点	规模	示范内容	现状
中国石油吉林油田 CO_2-EOR 研究与示范	吉林油田	封存量：约 1.0×10^5 t/a	CCS-EOR	2007 年投运
中科金龙 CO_2 化工利用项目	江苏泰兴	利用量：约 8000 t/a	酒精厂 CO_2 化工利用	2007 年投运
华能集团北京热电厂捕集实验项目	北京高碑店	捕集量：3000 t/a	燃烧后捕集	2008 年投运
中海油 CO_2 制可降解塑料项目	海南东方市	利用量：2100 t/a	天然气分离 CO_2 化工利用	2009 年投运
华能集团上海石洞口捕集示范项目	上海石洞口	捕集量：1.2×10^5 t/a	燃烧后捕集	2009 年投运
中电投重庆双槐电厂碳捕集示范项目	重庆合川	捕集量：10 000 t/a	燃烧后捕集	2010 年投运
中石化胜利油田 CO_2 捕集和驱油小型示范	胜利油田	捕集和利用量：40 000 t/a	燃烧后捕集 CCS-EOR	2010 年投运
神华集团煤制油 CO_2 捕集和封存示范	内蒙古鄂尔多斯	捕集量：1.0×10^5 t/a，封存量：约 1.0×10^5 t/a	煤液化厂捕集+咸水层	2011 年投运
新奥集团微藻固碳生物能源示范项目	内蒙古达拉特旗	拟利用量：约 20 000 t/a	煤化工烟气生物利用	一期投产，二期在建，三期筹备
华能绿色煤电 IGCC 电厂捕集利用和封存示范	天津海新区	捕集量：$6.0 \times 10^5 \sim 1.0 \times 10^6$ t/a	燃烧前捕集 CCS-EOR	2011 年启动
华中科技大学 35MW 富氧燃烧技术研究与示范	湖北应城	捕集量：$5.0 \times 10^5 \sim 1.0 \times 10^6$ t/a	富氧燃烧捕集+盐矿封存	2011 年启动
陕西延长石油"陕北煤化工 CO_2 捕集、埋存与提高采收率技术示范"项目	陕西榆林	捕集量：4.0×10^6 t/a；埋存量：1.5×10^6 t/a 以上	CCS-EOR	2012 年启动
大规模燃煤电厂烟气 CO_2 捕集、驱油、封存（CCUS）技术开发及应用示范项目	胜利油田	$5.0 \times 10^6 \sim 1.0 \times 10^7$ t/a CO_2 捕集纯化与输送示范工程、$2.0 \times 10^5 \sim 3.0 \times 10^5$ t/a CO_2 驱油封存工程	CCUS	2012 年启动

表 1-18　中国 CCUS 技术部分筹建项目情况表

项目名称	地点	规模	示范内容
国电集团 CO_2 捕集和利用示范工程	天津塘沽区	捕集量：20 000 t/a	燃烧后捕集
连云港清洁煤能源动力系统研究设施	江苏连云港	捕集量：5.0×10^6 t/a（一期），1.0×10^7 t/a（二期）	燃烧前捕集

项目名称	地点	规模	示范内容
中石化煤制气 CO_2 捕集和驱油封存示范工程	胜利油田	捕集利用量: 7.0×10^5 t/a	煤制气捕集 CCS-EOR
中国石化集团胜利油田 CO_2 捕集和封存驱油示范工程	胜利油田	捕集利用量: $5.0 \times 10^5 \sim 1.0 \times 10^6$ t/a	燃烧后捕集 CCS-EOR
内蒙古 CO_2 地质储藏项目	内蒙古准格尔旗	拟封存量: 1.0×10^6 t/a	煤化工烟气捕集 + 咸水层
大唐集团 100 万 t/a CO_2 捕集和利用示范工程	黑龙江大庆	捕集量: 1.0×10^6 t/a	富氧燃烧 + 地质封存和油田驱油利用

现阶段，CCS 的可靠性、经济性与环境安全性有待提高、验证。表 1-19 为不同类型电站在引入 CCS 技术后的变化情况（朱发根和陈磊，2011）。能耗和经济成本的大幅度增加，是制约 CCS 技术进一步发展的关键因素。

表 1-19　不同类型电站在引入 CCS 技术后的变化情况

项目	超临界电厂	NGCC	IGCC
每千瓦时发电煤耗提高比例/%	24 ~ 40	11 ~ 20	14 ~ 25
发电成本提高比例/%	40 ~ 80	40 ~ 85	20 ~ 55

CO_2 除了上文提到的用于封存驱油或者提高甲烷开采率外，还可作为化工原料，用于生产无机化工产品，如尿素、纯碱、水杨酸及其衍生物，制取有机羧酸及其衍生物，生产碳酸盐、碳酸酯产品等。近年来还研究成功许多新工艺和新方法，用于生产有机化工产品，如 CO_2 作为氧化剂，通过不同反应途径，可将低碳烷烃转化为烯烃、芳烃等高附加产品。目前，部分工艺已经通过中试验证，工业化前景看好。CH_4 是焦炉煤气的主要成分，而许多化工生产中都产生 CO_2，若能将二者有效利用，则既可以解决多种化工生产的尾气处理问题，又可改善环境和减缓气候变化。国内已展开 CH_4 和 CO_2 重整制合成气，CH_4 和 CO_2 反应两步法制碳等的基础研究和工业化应用。碳酸丙烯酯是一种极性有机溶剂，普遍采用的生产方法是 CO_2 与环氧丙烷合成法。国内一些大中型合成氨企业纷纷利用富余的 CO_2 上马碳酸丙烯酯生产线。

除此之外，CO_2 还可以合成可降塑料，CO_2 基降解塑料可在自然环境中完全降解，属于完全生物降解塑料，可用于一次性包装材料、餐具、保鲜材料、一次性医用材料、地膜等。利用此技术生产降解塑料，不仅替代了传统技术的石油消耗，而且固定了 CO_2，还避免了传统塑料产品对环境的二次污染。无论是从环境保护，或是从资源的再生利用角度看，都具有重要意义，是一种典型的循环经济技术。目前，使用 CO_2 为原材料制取可降解塑料，还使用石油衍生物，如环氧丙烷或环氧己烷。每生产 1t 降解塑料，一般可利用 CO_2 0.5t 左右。我国 CO_2 基降解塑料项目处于示范应用阶段，中国科学院长春应用化学研究所和中国科学院广州化学研究所等国内单位分别拥有自主知识产权的 CO_2 制降解塑料技术，分别建成投产了 2000 ~ 5000t/a 的降解塑料示范项目。其中，中国科学院广州化学研究所和江苏中科金龙化工股份有限公司于 2007 年投产了 2 万 t/a 的 CO_2 树脂生产线。5 万 t/a CO_2 基降解塑料项目于 2010 年落户吉林省松原市。但 CO_2 基降解塑料项目投资额比煤制油还高,一个 1 万 t/a CO_2 基降解塑料项目,往往需要 1.4 亿元以上的资金投入。另外,其热稳定性、阻隔性、加工性与石油基塑料存在一定的差距,只能在食品包装、医疗卫生等极少数领域应用。我国塑料消耗量大,2011 年我国塑料包装材料需求量突破 1000 万 t,农用地膜需求量达 200 万 t,一次性日杂用品和医疗材料需求量也突破 150 万 t。随着技术的进步,CO_2 基降解塑料项目突破成本问题后,将会有广阔的发展空间。

对 CO_2 的利用,研究学者还曾提出将其分解成 C 或者 CO,然后再进行利用。但由于 CO_2 本身化学性质稳定,要将其分解需要提供很大能量,若使用现有的不可再生能源去实现 CO_2 的分解利用,则显得得不偿失。因此,科学家们将目光投向了将可再生能源作为能量动力分解 CO_2 的新领域。

法国国家科学研究中心(CNRS)的研究人员于 2010 年 11 月 13 日宣布,正在研究开发二步法太阳能热化学工艺,以便使排放的 CO_2 进行循环利用和改质,用于生产合成燃料。富含 Zn 和 SnO 的纳米粉末首先在高温太阳能化学反应器中,通过 ZnO 和 SnO_2 的热离解而予以合成;生成的纳米颗粒然后可与 CO_2 进行有效反应,CO_2 生成 CO 和初始的金属氧化物,金属氧化物可被循环使用,被聚集的太阳能可为高温过程提供必要的热量。金属氧化物(ZnO/Zn 和 SnO_2/Sn)虽然在每一个单独的反应中参与反应,但在整个化学闭路过程中不被消耗,这是因为其进行了循环利用,因此,可被作为 CO_2 分解反应使用的催化剂。这种转化方式可以有效循环利用从有污染物的工业排放的 CO_2,因此可避免 CO_2 排放,同时获得能势更高的 CO 资源。同时,CO_2、H_2O 和太阳能的供入,可生成各种形式的合成燃料,包括费托合成化学品,因此可达到太阳能驱动的反相燃烧和节约化石燃料。目前,研究人员已在固定床反应器中,对采用太阳能产生的 Zn 粉末进行了 CO_2 分解的一系列概念化实验。在数秒时间内就可得到几乎完全的化学转化率,这表明,这种通用的反应器技术有望在大规模内用于进行固体/气体反应[①]。

食品级 CO_2 用于食品饮料加工,主要包括饮料添加剂、烟丝膨胀剂、果蔬保鲜剂、制冷剂等。在物理方面的应用主要包括超临界萃取、灭火剂、做发泡剂、焊接保护气、用于清洗行业等。其他应用方面有污水治理和植物气肥等。

目前,全球商品 CO_2 总量约为 1150 万 t/a。CO_2 主要来源于制氢工厂、合成氨工厂、钢铁厂、石化厂及酿制业等工业副产,还有少部分来自天然 CO_2 气井。全球回收应用的 CO_2 约 40% 用于生产化学品,35% 用于油田三次采油,10% 用于制冷,5% 用于碳酸饮料,其他应用占 10%。发达国家 CO_2 主要消费领域是饮料碳酸化、食品加工(冷冻、冷藏、研磨和惰化)、油(气)井操作、焊接保护、铸造、灭火、清漆和油漆溶剂、金属加工、化学品和医药生产、橡胶和塑料加工等。

美国是世界上 CO_2 最大生产国和消费国。美国现有 90 多套回收和生产 CO_2 的装置,总生产能力约 800 万 t/a,近几年 CO_2 生产装置的利用率在 60% 左右,主要为回收合成

---

① 法国开发二步法热化学使 CO_2 分解为合成燃料。清洁能源网。http://www.21ce.cc/CDM/Detail_22087.aspx.2010-11-15。

氨厂、石化厂、乙醇、天然气加工厂等排放的 CO_2。在北美的 CO_2 商品消耗量中，食品冷冻剂和制冷占40%、饮料碳酸化占20%、化学产品的生产占10%、冶金占10%、其他占20%。目前北美 CO_2 人均消耗为 18kg/a。

目前，我国拥有 CO_2 生产企业100余家，大多分布在沿海经济较发达地区，总生产能力约为200万 t/a。但我国 CO_2 消费市场潜力很大，不少领域刚刚启动或正在开发应用。从消费领域来看，饮料、食品储运及加工、焊接和化工是我国的主要 CO_2 消费市场（约占商品 CO_2 总消费量的50%）。从发展的趋势来看，食品级 CO_2 将会迅猛发展，特别是在饮料和啤酒、食品储运和烟草等领域更为活跃。超临界萃取和 CO_2 保护焊也将得到长足发展。

总体上来说，CO_2 利用技术能够减少排向大气中的 CO_2。随着时间的推移，这些使用或转移了的 CO_2 又会重新回到大气中，使其减缓气候变化的效果大打折扣，所以还需综合考虑各种利用技术的 CO_2 隔离时间及 CO_2 使用量来评判 CO_2 减排效果。各种 CO_2 利用技术的减排效果比较见表1-20（李政等，2012）。

表1-20　CO_2 利用技术的减排效果

利用技术		CO_2 与大气隔离时间	CO_2 需求潜力
强化开采	EOR	长期	共约78亿 t
	ECBM	长期	共约120亿 t
化工合成	合成尿素	固化到尿素，施肥后释放，平均隔离时间不到一年	千万吨/年的量级；尿素一般与合成氨联产，合成氨生产的副产品 CO_2 完全能够满足尿素合成的需要
	合成无机物	固化到无机物，视其使用方式而定	纯碱、碳铵生产所需在千万吨/年
	合成有机物	固化到有机物，视其使用方式而定	碳一化工需求量可能达千万吨/年，但技术成熟度、成本有待改进
	合成可降解塑料、CO_2 分解利用	固化到塑料，分解再利用，使用后周期释放	市场前景广阔，但有待开发
食品生产	饮料添加剂	饮料产品周期，3~6个月	千万吨/年
	烟丝膨胀剂	循环使用，有部分泄漏	
	果蔬保鲜剂	保鲜周期，约一周	
物理利用	制冷剂	循环使用，有部分泄漏	千万吨/年
	超临界萃取	循环使用，有部分泄漏	
	发泡剂	发泡产品周期	
	灭火剂	灭火器寿命周期，不超过10年	
	清洗剂	清洗时排放到大气	
	焊接保护气	使用时排放到大气	
	用作激光器	激光器使用周期，10年以上	
其他利用	污水治理	循环使用，有部分泄漏	百万吨/年
	植物气肥	光合作用，被植物固化	

1.4　煤炭清洁高效利用技术工程科技发展趋势

考虑到煤炭利用技术的现状及未来对环境保护更高的要求，未来煤炭高效洁净化利用必将是煤的高效燃烧、发电技术与燃煤污染物控制技术的结合，主要包括以下几点：

1）高效率的燃煤发电机组，特别是超（超）临界燃煤机组+燃烧后烟气净化技术，是中国的煤清洁利用的主要技术，将在今后相当长的时期内为中国煤炭的高效率、低污染的燃烧发电发挥头等重要的作用。

2）循环流化床燃烧技术是近几年来发展迅速的煤清洁利用技术，在劣质燃料利用和污染物排放控制方面的独特优势将使其得到更大规模的应用。

3）以煤气化技术为核心的整体煤气化联合循环技术是未来洁净煤技术发展的方向，与之相关的煤气化技术和燃气轮机技术也会取得长足的进步。

4）随着温室气体 CO_2 引起的气候变化问题受到越来越广泛的关注，CO_2 的捕集与封存技术及富氧燃烧分离 CO_2 的技术会得到较大的发展，CO_2 的捕集与封存技术可能成为未来人们考虑能源利用的出发点（阎维平，2008）。

5）以煤气化为核心的多联产系统作为国家能源产业发展的战略方向，是解决能源、环境、液体燃料短缺等问题的具有发展潜力的煤炭清洁高效利用技术。

第2章 | 煤炭清洁高效利用技术研发的重点和突破点

2.1 煤炭清洁高效利用的相关产业技术现状

2.1.1 燃气轮机制造技术

燃气轮机技术目前已经发展到了很高水平，可以说集当代科学技术成就之大成，成为公认的发电设备制造业"皇冠上的明珠"，而且还在以较快的速度继续发展。图2-1简要地展示了重型燃气轮机技术的现状和发展趋势。

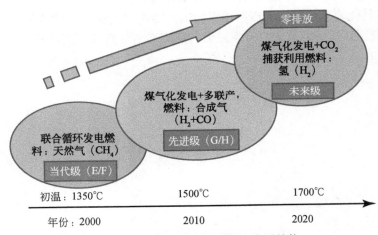

图2-1 燃气轮机技术的现状和发展趋势

当代级燃气轮机（"E/F"级，燃气初温1150～1350℃）：这是过去50年燃气轮机技术发展的成果。燃气轮机主要以天然气为燃料，且技术成熟，已经在全球投入大规模商业应用。大型F级燃机单循环与联合循环的效率分别为38%和57%左右。

当今世界面临着全球气候变暖的威胁。CO_2等温室气体排放控制是全人类面临的巨大挑战。我国政府已经宣布到2020年单位GDP的CO_2排放比2005年下降40%～45%的战略目标。燃用天然气的燃气轮机电站的CO_2排放量是各种先进燃煤电站的1/2左右。按照我国天然气工业发展计划，到2020年我国将具有装备10万MW燃气轮机发电机组的能力，运行时间按3500～5000h/a计算，每年可减少CO_2排放1.83亿～2.67亿t。这将为我国在2020年实现减少CO_2排放的战略目标做出重要贡献（蒋洪德，2011）。

先进级燃气轮机（燃气初温为1450～1500℃的"G/H"级天然气燃气轮机，以及IGCC燃气轮机）：以天然气为燃料的G/H级燃气轮机自21世纪初以来陆续进入市场，其单循环与联合循环的效率分别达到 40% 和 60%，居目前所有火力发电技术之首。先进级重型燃气轮机还可以燃用煤气化合成气等富氢的中低热值燃料。

未来级燃气轮机（燃气初温可达 1700℃）：目前正在加紧研究开发中，预计将在 2020 年左右进入市场。未来级燃气轮机发电系统是以煤气化合成气重整后得到的氢气为燃料，此时燃气轮机的排气是水蒸气，重整过程得到的 CO_2 可进行捕获利用或埋存（CCS），这就构成了"近零排放煤基能源系统"。如果这一技术取得突破并进入商业化运行，将为全球电力工业最终减少 CO_2 排放和控制全球气候变暖作出巨大贡献。

然而，IGCC（CCS）电站与煤基多联产系统中使用的燃气轮机由于其所用燃料的变化需要同系统其他设备整合，与简单循环、天然气燃气-蒸汽联合循环中使用的燃气轮机都有很大的区别，因而需要在原有的天然气燃气-蒸汽联合循环机组的基础上进行改造，甚至重新设计（张文普和丰镇平，2002），其改进方案如下：

1）提高燃气轮机的初温、热效率和单机容量并降低其比投资费用；
2）改烧合成气，并使同一台机组混烧或单独燃烧多种燃料；
3）燃气透平与压气机工质流量的匹配问题；
4）燃气轮机功率增大极限的控制问题；
5）改进燃气透平叶高温热障涂层的材料与运行状态的监护。

2.1.2　选煤技术

煤炭洗选是一种利用煤和杂质的物理、化学性质的差异，通过物理、化学或微生物分选的方法使煤和杂质有效分离，并加工成质量均匀、用途不同的煤炭产品的加工技术。煤炭洗选可以提高煤炭利用效率、减少污染物的排放，是煤炭清洁高效利用的基础和前提。

煤炭洗选可脱除煤中 50%~80% 的灰分、30%~40% 的全硫（或 60%~80% 的无机硫），燃用洗选煤可有效减少烟尘、SO_2 和 NO_x 的排放，入洗 1 亿 t 动力煤一般可减排 60 万~70 万 t 的 SO_2，去除矸石 160 万 t。炼焦煤的灰分降低 1%，炼铁的焦炭耗量降低 2.66%，炼铁高炉的利用系数可提高 3.99%；合成氨生产使用洗选的无烟煤可节煤 20%；发电用煤灰分每增加 1%，发热量就下降 200~360J/g，1kW·h 电的标准煤耗增加 2~5g；工业锅炉和窑炉燃用洗选煤，热效率可提高 3%~8%（张波，2009）。煤炭洗选后可就地排出大量煤矸石，按平均 18% 计算，每入洗 1 亿 t 原煤，可排出 1800 万 t 洗矸石，按铁路运输煤炭 20 亿 t、平均运距 600km 计算，可以节约运力 2160 亿 t·km，节省运费约 230 亿元［铁路运输吨煤费用 = 10.50+0.0867×运价（元/km）×运输距离（km）］（马剑，2011）。

据不完全统计，2010 年中国入洗原煤 16.5 亿 t，全国原煤入洗率为 50.9%。中国的原煤洗选以跳汰、重介质和浮选三种基本工艺为主体，产能及产量占全国洗选煤产品产量的 95% 左右。其中，跳汰工艺的产能及产量占 44% 左右，重介质工艺的产能及产量占 45% 左右，浮选工艺的产能及产量占 10% 左右（王文，2011）。

目前，由中国自行研制开发的洗选设备已满足 4Mt/a 选煤厂建设的需要，跳汰机、重介质分选机、无压入料重介质旋流器、浮选机等许多设备已形成系列，接近或达到国际先进水平，而选煤厂规模和设备也正朝着大型化、机电一体化、自动智能化稳步发展。但是原煤入选比例仍然偏低，大型选煤设备的制造水平较低，可靠性差，使用寿命短，某些关键设备仍需从国外进口。

煤炭洗选加工今后的发展方向：①大型选煤厂成套技术与装备，以实现选煤厂规模和设备的大型化；②井下选煤技术，其具有对环境影响小、资源利用效率高、节能减排等优点；③先进在线监测技术的研究和应用，以实现选煤厂生产的高度自动化。

美国是世界上原煤入洗比例最高的国家之一，约 55% 的原煤都经过洗选加工，选煤技术的总体水平也处于世界领先地位。过去 20 年，美国研究出了具有技术层面和经济层面的技术和方法，不仅降低了选煤过程对环境的影响，也提高了采矿行业的利润。研发的重心是发展精煤分级、清洁和脱水技术，而使用干法对褐煤中的矸石排选，以及低级煤有效升级处理的研究也日渐深入。

其中已经取得的研究成果主要包括以下几点：①高级浮选技术。研发项目主要集中在解决高黏土给料的问题，以及开发新的气体喷射系统（可以在不牺牲精煤回收率的情况下达到高产量）。浮选效果对比，精煤灰分下降了近 8%，同时将燃烧回收率提高了20%，极大地提高了经济效益。②多级螺旋分选机流程。在美国，采用螺旋分选机分选1~0.15mm 的煤是最普遍的方法。但是，以水为基础的螺旋分选机的固有缺点就是分选效率低于重介质分选机。19 世纪 90 年代早期，研究者开展了提高螺旋分选机流程性能识别方法的工业研究与开发项目，提出了来自粗选槽螺旋分选机的精煤和中煤产品在精选槽中回流的最优配置工艺，但是精选槽螺旋分选机必须具有将中煤产品循环回流至最初给料的配置，优点是比传统二级流程的分选精度提高 20%，而且减少了增量煤灰，赢利周期短。③沉降过滤聚合物注入。该离心脱水机较之其他脱水方法能提供低湿度的产品，而且这种技术（80%~90%）与过滤机（95%~99%）相比，还具有煤粉回收率总体较低的特点。在一项美国能源部赞助的研发项目中，进行低成本方法的研究，即利用沉降过滤式离心脱水机中，提高固体回收率。通过试验验证可知，直接将传统絮凝剂加入给料煤泥来提高固体回收率是不可行的。相反，通过注射管添加合成聚合物可以将固体损失从 3.54% 降至 0.25%，这样可以挽回吨级的损失，极大地提高经济效益。

除此之外，美国正在研究和开发的选煤技术有：①重介质研究，主要集中从粉煤灰和煤粉锅炉的底灰物质中提取优质磁铁矿。②精煤分级技术，利用 Stack 筛选机和 Pansep 筛进行高精度要求的筛选。③精煤分选技术，肯塔基大学研究表明，预先气化浮选给料可以提高难选煤的回收率，爱国者矿业公司试验表明回收率可提高近 20%。④因莫夫（imhoflot）过程，它是一种气动浮选工艺，南伊利诺伊州大学对该项技术做了大量的研究，研究表明，质量产率为 45% 时，分选效率最佳，为 57.9%，燃烧回收率为 69.5%，产品的灰分含量为 10.9%，而给料的灰分为 42.3%。⑤磁性输水塑料注入，根据改变泡沫深度或将一部分泡沫浓缩液回流到泡沫相中，这样可以增加可浮微粒的浓度，从而导致缺少可浮性的低级微粒选择性分离。研究表明，不添加塑料微粒，浮选回收率下降到 35% 以下，相反，添加塑料微粒，煤的回收率可达到 85% 左右。⑥精煤脱水技术，主要是针对新出现的两种技术——钢带式过滤机（SBF）和 TH 压滤机进行研究评估的。SBF 技术的特点包括使用真空进行初步脱水，使用滤饼的机械握力进行最终脱水。后者是新一代板框式压滤机，可以克服传统板框式压滤机的不足。基于以上成功的新技术，包括 Pansep 筛、螺旋浓缩机、Falcon 浓缩机和沉降过滤式离心脱水机新的精煤分选和脱水流程，对伊利诺伊州高硫煤进行分选，精煤产品灰分含量为 9.15%、硫含量为 1.61%，而给料灰分和硫含量分别为 33.9% 和 3.28%，产率 56.6%，精煤产品灰分含量由给料的 30% 降到了 10% 以下，硫含量也有显著降低。⑦工艺自动化与控制，该部分研发内容主要涉及螺旋分选机自动化、工厂模拟与优化、干煤清洁等系统工艺设计集成和控制方面。

2.1.3　型煤技术

型煤技术，即用机械方法将粉煤和低品质煤制成具有一定粒度和形状的煤制品，以减少烟尘的排放量。高硫煤成型时可以加入适量的固硫剂或催化剂，以减少 SO_2 的排放。与燃烧散煤相比，燃用型煤可减少烟尘排放量约 70%，减少 SO_2 排放量 60% 以上，减小烟尘排放量 60%~80%，减少强致癌物（BaP）排放 50% 以上，节煤率达 15%~20%，热效率提高至 10%~15%（崔村丽，2011）。型煤技术不仅可以提高低质的粉煤、泥煤、褐煤的经济价值，而且可以减少煤炭的利用过程对环境的污染。目前中国的型煤技术已可以控制型煤的燃烧性能，改善型煤的结渣性、结焦性、反应活性、热稳定性等。

中国型煤技术重点发展方向为以下几点：①环保型煤。目前中国型煤固硫技术所能达到的固硫率平均只有 50% 左右，而美国的型煤固硫率可达 85% 以上。在开发粉煤成型工艺的基础上，应从型煤固硫机理、型煤固硫影响因素、型煤黏结剂和固硫剂的复合作用、固硫型煤的燃烧特性等几方面着手进行型煤燃烧脱硫净化一体化研究，以便大力开发和推广环保型煤。②低变质程度烟煤型煤技术。低变质程度烟煤变质程度稍高于褐煤，最大特点是灰分低、硫分低、可选性好、精煤回收率高。从总体上看，不黏煤和弱黏煤的煤质均优于其他煤种。在中国，用无烟煤做气化型煤的技术已经成熟，而由于用低变质程度烟煤制取型煤时，成型压力消除后，型煤产生很大的弹性膨胀，使型煤结构松散脱模，之后重新破裂，所以目前低变质程度烟煤制取气化型煤的技术还处于起步阶段。低变质程度烟煤在中国煤炭储量中所占比例较大，煤质较好，且分布较广，开展以低变质程度烟煤制取工业型煤的技术研究具有重要的理论意义和实际应用意义。

2.1.4　水煤浆技术

水煤浆是由 60%~68% 的煤和 32%~40% 的水或废水经研磨混合，在 0.5% 添加剂作用下形成的一种均匀稳定的流体洁净燃料，也是一种新型煤基流体代油燃料，可在工业锅炉、电站锅炉和工业窑炉中燃烧，也可作为气化原料生产合成煤气。水煤浆作为燃料不仅可有效地提高煤炭利用过程的能量利用效率，还能减少污染物的排放。水煤浆锅炉的脱硫率可达 95%，除尘率可达 99%。水煤浆的燃尽率可由原煤散烧的 70%~80% 提高到 98% 以上，水煤浆锅炉的热效率可由燃煤锅炉的 65%~70% 提高到 84% 以上。每吨蒸汽的成本，燃水煤浆比燃煤高 16 元，比燃油平均价格低 272.8 元（林华荣等，2008）。

近年来，中国水煤浆技术迅速发展，水煤浆制浆用原煤范围进一步扩宽，从长烟煤、褐煤到贫煤和无烟煤，特别是低阶煤制高浓度水煤浆获得较大成功。2008 年，制浆能力达 2000 万 t/a（不包含气化用水煤浆 3500 万 t/a），最大水煤浆厂规模达到

100万~200万t/a。目前，中国自行研制的水煤浆燃烧技术已经在国际上处于领先地位，并达到产业化推广应用阶段。

中国水煤浆行业存在的问题有以下几个方面：①水煤浆制备方面：设备能力小，主机制浆能力为10万t/a（国外已达25万t/a），输浆泵耐磨件寿命短，制浆装置成套化/系列化程度低；水煤浆厂在线检测控制水平低，影响水煤浆质量的稳定。②水煤浆燃烧技术方面：燃烧器、喷嘴容量小，缺乏系列化，喷嘴寿命短，改造的锅炉容量小；中小锅炉不能实现水煤浆自动点火；水煤浆专用锅炉成套化、系列化程度低。③水煤浆实际推广应用方面：政府的宏观调控力度不够，水煤浆行业不是短平快项目，需要相当的投入，加之水煤浆的建厂周期较长（2~3年），这些因素在一定程度上制约了中国水煤浆的发展。④水煤浆成本偏高：通过对国内几座生产浆厂的运行成本分析，水煤浆生产成本中各项构成比例为原料50%~60%，添加剂10%~20%，水、电5%~8%，大修、折旧3%~9%，工资福利3%~4%，管理及财务费用3%~4%。水煤浆的生产成本中电力成本是最有潜力可挖的，从工艺设计、设备选型、控制方式到生产、储存等每个环节，都要考虑吨浆电耗这一成本指标。此外，应进一步寻求高效添加剂和高效磨碎设备，以解决低级煤制浆的关键技术问题。

2.1.5　动力配煤

动力配煤市场需求越来越大，其对配煤技术和系统要求也越来越高。动力配煤的目的就是要发挥各组分单煤的特点，克服单煤不适应燃烧要求的缺点，可最大限度地利用劣质煤，更充分地利用当地现有煤炭资源，使燃煤特性与锅炉设计参数相匹配，提高锅炉热效率，保证锅炉正常高效运行。不同品质煤的相互配合，还可以按不同地区对大气环境、水质的要求调节燃煤的硫分、含氮量及氯、砷、氟等有害元素含量，减少SO_2、NO_x及有害元素的排放，最大限度地满足环境保护的要求，达到合理利用煤炭资源的目的。据统计，锅炉采用动力配煤后，平均节煤5%，并能充分利用高灰或高硫等低变质程度煤炭资源，具有明显的经济效益和社会效益。

近十几年来，中国在发展动力配煤技术方面已做了不少工作。目前，各地已建成的动力配煤生产线约200条，年产动力配煤2000万t左右。

国外的配煤技术，主要是充分利用中低热值煤与高热值煤混配，保证燃煤的低位发热量和控制燃煤的灰分，研究内容主要涉及配煤混合系统和配煤混匀方法等。随着电力工业的迅速发展，燃煤锅炉越来越多，因而混煤在电站锅炉上的使用日益广泛。

中国动力配煤技术尚存在的问题，具体表现在如下几个方面：①煤炭总体技术水平较低，很多配煤场尚处于经验配煤阶段，没有系统的配煤理论做指导；②生产规模小，难以取得规模效益，除电厂外，目前采用专业配煤的市场还没有形成，国内配煤的生产量仅为生产能力的60%左右；③与选煤、型煤、添加剂等工艺结合较少，产品品种少；④配煤工艺及混煤设备落后，没有专业的混煤设备；⑤质量检测技术落后，多数配煤场没有在线检测，难以实现自动控制；⑥价格配合、用户效益等因素没有达到最优化水平，综合经济效益较低；⑦配煤技术层次不高，还没有形成推进配煤技术产业化的有效机制，推进配煤技术产业化的法规不健全、政策不配套、措施不具体、力量不集中、资金筹集渠道不畅。

动力配煤技术应重点发展的方向：①配煤质量检测及过程自动控制；②固硫剂及助燃剂技术的研究与开发，降低固硫剂的成本和提高固硫率，并使之与煤种、煤质相适应；③合适的配煤专用设备的选型与配套，合理的设备连接与布置。

2.1.6　粉煤灰利用

粉煤灰是指燃煤锅炉在燃烧过程中产生的固体颗粒物，包括灰和渣。粉煤灰具有双重性，既是废弃污染物，堆放占压土地，污染大气环境和水体；同时又是可综合利用的宝贵资源。综合利用的途径很多，如建材、建工、筑路、回填、农业、环保治理、化工和提取等，其中生产建筑材料是最有效的途径之一（郑宾国等，2007）。

凡由粉煤灰和其他原料经一定的工艺制作而成的可用于工业和民用建筑的材料，简称粉煤灰建材。粉煤灰建材是房建材料的新兴产业，主要包括粉煤灰混凝土与粉煤灰砂浆、粉煤灰墙体材料、粉煤灰屋面材料、粉煤灰轻骨料和粉煤灰功能材料 5 大类。

内蒙古呼和浩特托克托工业园区规划的综合利用高铝粉煤灰生产铝硅钛合金一期示范项目于 2009 年建成投产后，年产铝硅钛合金 14 万 t，年消化处理高铝粉煤灰 70 万 t，排污循环水 500 万 t，电石渣 30 万 t。与传统工艺相比，每年节约标准煤 21 万 t，节约铝土矿 60 万 t，每年可减排 CO_2 5.9 万 t，减排 SO_2 等有害气体 1.5 万 t（张玉胜和杨蓓莎，2010）。在混凝土中掺加大量粉煤灰可带来以下效益：①能节省 15%~40% 的水泥；②节约用砂 10%~20%（蔡庆捷，2011）。年产规模达到 3 亿 t 的粉煤灰砖生产基地，每年可节约标准煤 1.5 万 t，节约耕地 228 亩①，消化粉煤灰和炉渣 30 余万 t，减少 CO_2 排放 3 万 t、二氧化硫和烟尘排放 720 t（卢国懿等，2011）。

对粉煤灰利用的研究在国外已有 70 年左右的历史。目前发达国家粉煤灰的利用率可达 50%~60%，而国内粉煤灰的利用率较低，仅为 30% 左右，新中国成立以来，历年排放未加利用而堆存在灰场的粉煤灰总量已在 25 亿 t 以上。2010 年中国煤炭产量 32 亿 t 左右，排灰量大约为 4.5 亿 t。"十二五"期间，中国工业化和城镇化进程加快，对电力、煤炭等资源的需求越来越大，粉煤灰的产生量将逐年增加，再加上历史堆存的各种固体废物，在短期内无法全部消纳，综合利用压力进一步加大。

2.1.7　煤矸石利用

煤矸石是在煤的掘进、开采和洗选过程中排出的固体废弃物。煤矸石弃置不用，会占用大片土地；煤矸石中的硫化物逸出或浸出会污染大气、农田和水体；矸石山还会自燃发生火灾，或在雨季崩塌，淤塞河流，造成灾害。为了消除污染，自 20 世纪 60 年代起，很多国家开始重视煤矸石的处理和利用（李华民，2011）。

煤矸石资源化的利用途径主要包括煤矸石发电、化工利用、生产建材和生产农用肥料等，其中煤矸石发电、化工利用和煤矸石建材是大宗资源化利用煤矸石、消除煤矸石危害的主要方式。中国煤矸石发电和煤矸石建材已在工业化道路上不断发展，在化工利用方面目前尚处于研究和示范阶段。煤矸石发电主要是利用发热量在 4186.8kJ/kg 以上

---

① 1 亩 ≈ 666.67m²。

的煤矸石，掺烧部分中煤、尾煤或者煤泥，通过循环流化床燃烧发电，每燃烧 1000 万 t 煤矸石可少排放 SO_2 24 万~38 万 t，少占地 $0.2km^2$，NO_x 排放的体积分数可降到 $0.12 \times 10^{-3} \sim 0.15 \times 10^{-3}$，并且燃烧后产生的灰渣和粉煤灰还可用于生产建材或其他利用，是一种绿色循环的资源利用方式；煤矸石生产 525 号普通水泥，一个年产 20 万 t 的水泥厂每年可节约煤炭 669.96 t，节约原料 1.22 万元，每年减排 CO_2 1607.9~1875.9t，减排 SO_2 6.7t，减排 NO_x 4.96 t；煤矸石制砖可以节约煤炭，降低成本，利用煤矸石约 3600 万 t，可节省能源约 120 万 tce（张顺利等，2011）。

据不完全统计，中国历史堆存的煤矸石将近 50 亿 t，占压土地 1.3 万 km^2 以上。2010 年全国共排放煤矸石 7.74 亿 t，煤矸石综合利用电厂共消耗煤矸石量约 1.4 亿 t，截至 2010 年年底，全国现有煤矸石发电厂 400 多处，总装机规模 2600 万 kW，推动煤矸石的综合利用走向规模化和大型化。为提高煤矸石综合利用技术水平及利用率，中国正在做以下三个方面的工作：①加快建立煤矸石资源数据库，旨在为不同矿区煤矸石高效合理利用途径的选择提供依据；②加强 600MW 超临界循环流化床锅炉机组成套技术研发，以提高发电效率；③开发新型煤矸石资源化利用技术。

美国在 1970 年制定了《资源回收法》，并于 1976 年制定了《资源保护再生法》。美国矿业局从 20 世纪 70 年代开始，对所有矸石山进行采样分析，并作出煤矸石综合利用规划。美国利用煤矸石生产水泥、轻骨料或作为筑路材料；利用"红矸石"（燃烧过的煤矸石渣）作为筑路材料，是目前煤矸石用量最大的一种途径，在宾夕法尼亚州，"红矸石"被用于整修道路面。对含煤量大于 20% 的煤矸石，一般采用水力旋流器、重介质分选回收煤炭。美国目前已成功研究出从燃烧着的煤矸石山中直接回收热能，同时达到控制污染一体化的煤矸石利用技术。此外，还利用煤矸石发电、生产有机矿质肥料等。对不便利用的矸石山，采用复垦法，使其变为牧场或果园。

2.2 煤炭清洁高效利用的重点工程与关键技术

2.2.1 中美两国煤气化技术

煤气化技术是 IGCC、多联产技术的关键技术，是煤清洁高效利用的主体技术。在中国，已商业化及开发研究中的煤气化技术包括多喷嘴对置式水煤浆气化技术、两段式干粉加压气化技术、灰熔聚流化床煤气化技术以及非熔渣-熔渣水煤浆分级气化技术。美国的 GE（Texaco）水煤浆气化技术、E-Gas 气流床气化技术、KRW 流化床气化技术也已应用到工业生产中。

（1）多喷嘴对置式水煤浆气化技术

多喷嘴对置式水煤浆气化炉由中国华东理工大学、兖矿鲁南化肥厂、中国天辰化学工程公司于"九五"期间联合开发。多喷嘴对置式水煤浆气化炉操作压力 3.0~6.5MPa，有效气体（$CO+H_2$）达到 83%，碳转化率大于 98%，比煤耗为 550kg/1000Nm^3（$CO+H_2$），比氧耗为 380Nm^3/1000Nm^3（$CO+H_2$）。在多喷嘴对置式水煤浆气化技术中，水煤浆经隔膜泵加压，通过 4 个对称布置在气化炉气化室中上部同一水平面的工艺喷嘴，与氧气一起对喷进入气化炉。多喷嘴对置式水煤浆气化炉通过喷嘴配置、气化炉结构及尺寸优化，形成撞击流以强化混合，这不仅使炉内气流场及温度分布合理，而且优化了气化效果，适宜于气化低灰熔点的煤。已建成及在建的有 11 套装置、30 台气化炉，已顺利投产的有 3 套装置、4 台气化炉，在建最大的气化炉投煤量为 2000t/d，气化压力 6.5MPa。目前暴露出来的问题是气化炉顶部耐火砖磨蚀较快；同样直径同等生产能力的气化炉，其高度比 GE 单烧嘴气化炉高，多了 3 套烧嘴和与其相配套的高压煤浆泵、煤浆阀、氧气阀、止回阀、切断阀及连锁控制仪表，1 套投煤量 1000 t/d 的气化炉投资比单烧嘴气化炉系统的投资多 2000 万 ~ 3000 万元。但该技术属我国的自主知识产权技术，在技术转让费方面比引进 GE 水煤浆气化技术具有竞争力。

（2）两段式干粉加压气化技术

两段式干煤粉加压气化技术是西安热工研究院开发成功的具有自主知识产权的煤气化技术。可气化煤种包括褐煤、烟煤、贫煤、无烟煤，以及高灰分、高灰熔点煤，不产生焦油、酚等。两段式干煤粉加压气化技术气化温度为 1400 ~ 1600℃，压力为 3.0MPa，碳转化率高达 99% 以上，产品气体相对洁净，不产生焦油、酚等凝聚物，不污染环境，合成气质量好，煤气中有效气体（$CO+H_2$）高达 90% 以上。其优势主要在于无需在气化炉的后面设置复杂的冷煤气循环系统及激冷系统，因此整个气化装置的尺寸可以大幅度减小。气化系统已全部国产化，比国外先进干法气化炉造价低 40% 左右。两段式干煤粉加压气化炉与国外先进干法气化技术相比，冷煤气效率提高 2 ~ 3 个百分点，比氧耗低 10% ~ 15%；与水煤浆气化技术相比，冷煤气效率提高 7% ~ 10%，比氧耗降低 20% ~ 30%；其缺点是合成气中 CH_4 含量较高，对制合成氨、甲醇、氢气不利。废热锅炉型气化装置适用于联合循环发电，其示范装置投煤量为 2000t/d 级两段式干煤粉加压气化炉（废热锅炉流程），已用于华能集团"绿色煤电"项目，另一套示范装置投煤量为 1000t/d 级两段式干煤粉加压气化炉（激冷流程），已决定用于内蒙古世林化工有限公司 30 万 t/a 甲醇项目。

（3）灰熔聚流化床煤气化技术

中国科学院山西煤炭化学研究所改进开发的灰熔聚流化床粉煤气化技术床温高，煤种适应性强，可以气化褐煤、低化学活性的烟煤和无烟煤、石油焦；单位氧耗量比较低；煤灰不发生熔融，而只是使灰渣熔聚成球状或块状灰渣排出；投资比较少，生产成本低。缺点是操作压力和碳转化率偏低，对环境的污染及飞灰堆存和综合利用问题有待进一步解决。此技术适合于中小型氮肥厂利用就地或就近的煤炭资源改变原料路线。2008 年 7 月，山西煤化所在 3.0MPa 半工业化加压灰熔聚流化床粉煤气化技术平台上完成了 1.0MPa 的 72h 长周期加压试验。晋城无烟煤处理量为 2.5t/h，操作温度为 1020 ~ 1050℃。试验结果：碳转化率为 87%，1.8Nm³ 干煤气，有效气体（$CO+H_2$）含量 65% ~ 66%。

（4）非熔渣-熔渣分级气化技术

非熔渣-熔渣分级气化技术是由清华大学热能工程系（燃气轮机和煤气化联合循环国家工程研究中心）、北京达立科科技有限公司、山西丰喜肥业集团共同研发的。非熔渣-熔渣分级气流床煤气化在工艺上借鉴了燃烧技术中的分级送风概念,从化学反应过程上与现有气流床煤气化技术有着本质的区别,具有鲜明的动力设备的特点。这种工艺是通过氧气的分级加入,将煤的气化反应过程从脱水分和挥发分→燃烧→气化3个阶段变为5个阶段,即脱水分和挥发分→燃烧→气化→再燃烧→再气化。氧气分级供给,使气化炉内的温度分布更加均匀、平均温度提高,也使气化炉主烧嘴的氧气量可脱离炉内部分氧化反应所需的碳与氧的化学当量比约束,为主烧嘴降低碳氧比创造了条件,降低主烧嘴附近的温度,延长喷嘴使用寿命。主要技术指标:比氧耗,361 Nm^3 O_2/Nm^3 (CO+H_2);比煤耗,548 Nm^3 煤/Nm^3 (CO+H_2);碳转化率≥97.5%;1Nm^3 (CO+H_2) 能耗降至13 MJ以下。该技术在山西丰喜肥业集团公司10万t/a甲醇生产线上应用,取得良好节能效果(韩喜民,2007)。

(5) GE(Texaco)气流床气化技术

GE(Texaco)气流床气化技术的开发始于20世纪40年代,1950年首先在天然气非催化部分氧化上取得成功,1956年又应用于渣油气化,在此基础上,开发了德士古(Texaco)水煤浆加压气化技术。德士古水煤浆气化炉的温度为1350~1400℃,操作压力已达到8.7MPa,单炉耗煤量已达到2000t/d,是目前商业运行经验最丰富的气流床气化技术。其技术特点是对煤种适应性比较宽,对煤的活性没有严格的限制,但对煤的灰熔点有一定的要求(一般要求1400℃),单炉生产能力大,碳转化率高,达96%~98%,煤气质量好,甲烷含量低。目前影响德士古气化装置长周期稳定运行的关键因素:①烧嘴运行周期短,一般在两个月左右,烧嘴就会出现喷头磨损、裂纹等问题而需要更换;②采用的耐火砖存在成本高、寿命短的问题,为此,通常设置备用炉;③由于采用水煤浆,相对于干粉气化,冷煤气效率和有效气体成分(CO+H_2)偏低,而氧耗、煤耗偏高;④Texaco喷嘴的水煤浆射流属于受限空间内的射流,在气化炉的拱顶部分有一个大的回流区,这个回流区的存在不仅使气化炉的有效气化空间减少,而且在拱顶部分容易产生结渣现象。

(6) E-Gas气流床气化技术

E-Gas气化技术最早由Destec公司开发,采用水煤浆原料,两段气化,后被陶氏化学(Dow)公司收购。E-Gas气化技术气化炉内衬采用耐火砖,约85%的煤浆与氧气通过喷嘴射流进入气化炉第一段,进行高温气化反应,一段出口的高温气体中CO_2和H_2O含量分别接近20%;15%左右的煤浆从气化炉第二段加入,与一段的高温气体进行热质交换,煤在高温下蒸发、热解,残碳与CO_2和H_2O进行吸热反应,可以使上段出口温度降低到1040℃左右。1040℃的合成气通过一个火管锅炉(合成气走管内)进行降温,降温后的合成气进入陶瓷过滤器,分离灰渣,过滤器分离出的灰渣循环进入气化炉一段。基于该气化技术,路易斯安那州的Terra Haute建立了单炉2500t/d的气化装置,配套Wabash River的262 MW的IGCC电站,该电站于1996年投入运行,发电效率40%。

(7) U-Gas流化床气化技术

U-Gas流化床气化技术是20世纪70年代由美国煤气公司开发的。该技术是在常压循环流化床气化工艺的基础上发展起来的，它的技术突破在于采用了灰熔聚技术，气化剂分两路进入炉内，在炉底中心有一个氧气或空气入口，该处由于氧气或空气的进入，形成一个局部的高温区，在这里灰渣中未反应的碳进一步反应，煤灰则在高温下开始软化并且相互黏结在一起，当熔渣的密度和重量达到一定的程度时，灰球的重力大于气流对其的曳力而下落排出。灰熔聚技术极大地降低了常规流化床气化排灰的碳含量，明显提高了碳的转化率，是循环流化床气化技术发展史上的里程碑，使循环流化床气化炉的碳转化率提高到96%~98%，气化温度954~1038℃。U-Gas气化炉操作压力为0.69~2.41MPa，煤气中无焦油，无废气排放。目前的问题是出口气带灰较多，长期运行有一定困难。

（8）KRW 流化床气化技术

KRW炉由美国Kellog Rust Synfuels及Westing House Company合作开发，因此起名为KRW炉。KRW炉是一种灰熔聚排灰的加压流化床气化炉。该炉为一圆筒形容器，由上大下小直径不同的三段壳体组成，粉煤、输送气（循环煤气）和空气（或氧气）由炉底中心管喷入炉内，在喷管周围通入蒸汽，在喷嘴处形成一股射流，向上运动，此即射流高温燃烧区，含碳量降低了的颗粒会变得越来越软，碰撞后互相黏结，增大而成团粒，当团粒增大至不再被流化时，落入底部并从灰斗排出，在炉内的流化床中，煤与空气（或氧气）、蒸汽进行气化反应，生成煤气并由颈部排出，经旋风除尘器除下夹带的焦粉，此焦粉返回炉内，与入炉煤粉相混而参加气化反应。

从以上分析可知，中国在煤气化技术方面有了突破性的进展，然而基本都是处在商业示范和研发阶段，存在的问题需要进一步验证和解决。美国的煤气化技术相对中国已处于领先，大部分都已经工业化，但是需要改善的地方也仍然很多，如提高气化压力、提高气化炉容量和煤种适应性等，从而进一步提高气化效率，以利于下游工艺生产。

2.2.2　化学链燃烧技术与 O_2/CO_2 混合富氧燃烧技术

（1）化学链燃烧技术

化学链燃烧技术的发展特点：①化学链燃烧方式把燃料直接燃烧的一步反应分解为载氧体的还原/氧化两步，从而实现了化学能的梯度利用，具有更高的能量转化效率；②燃料和空气经过两个不同的反应器，N_2 不参与燃烧反应，避免了 NO_x 的产生；③空气和燃料不直接接触，因此不需要额外消耗能量便可获得纯净的 CO_2 气体；④其技术原理与循环流化床原理相似，因此可以在现有流化床的基础上对电站进行改造或基于流化床技术建造，从而节省成本。

化学链燃烧技术已经进入基础研究与中试验证相结合的发展阶段。我国对化学链燃烧技术的研究与国外其他研究机构同步，只是由于各个国家的国情和能源结构不同，侧重点有所差异。在燃料的选择方面，国外主要侧重于气体燃料，而我国主要侧重于固体燃料的化学链燃烧技术。在反应装置方面，燃料的不同导致反应器的结构也不同，反应器的设计已经形成自己的特色，如燃料反应器采用快速流化床，反应装置可以在加压条件下运行等。此外，由于煤中的灰分及含硫气体对载氧体的活性有一定的影响，所以在载氧体的选择上与国外采用气体燃料的载氧体也存在差异。

由于化学链燃烧在 CO_2 减排中的突出表现，近年来，化学链燃烧受到了很多发达国家的重视，国内外研究者也开展大量的研究工作（秦翠娟等，2008），但需要进一步研究的问题有以下几个。

1）廉价、高效载氧体的规模化生产。为了推进化学链燃烧技术的商业化，载氧体的大规模生产已经成为化学链燃烧技术中最突出的瓶颈问题。一个良好的载氧体需要满足以下标准：①高反应活性及持续循环能力，能够将燃料充分转化成 CO_2 和 H_2O；②低团聚和低磨损率、高机械强度；③低成本、无污染。至今已有超过上百种不同类型的载氧体进行了热态测试，然而在廉价、高效、无污染的载氧体的探索上还有很长的道路要走。

2）反应器结构与设计。化学链燃烧技术属于高密度循环流化床的范畴，反应条件较为苛刻，反应必须在高温（约1000℃）甚至高压条件下运行，相比催化裂化的运行温度要高得多。我国采用的燃料主要为固体燃料，相比气体燃料的化学链燃烧技术还有许多问题要解决，如煤中污染物（SO_x、NO_x 等）的脱除，灰分与载氧体的分离等问题。此外，化学链燃烧对反应过程的传热、反应的速率和转化率、各运行参数之间的耦合优化调控、载氧体颗粒在反应器内的磨损及装置的气密性等都具有较高的要求，因此对反应器的结构要求较高，需要综合考虑各种因素，在分析比较不同反应器结构的基础上，提出最适合于我国燃煤化学链燃烧技术的新型反应器结构。

3）煤种与载氧体的优化匹配。我国是煤炭大国，但是品质较低、高灰分、高灰熔点及高硫分煤种居多。国外的一些载氧体，若采用我国"三高"煤种，可能会带来碳转化率低、CO_2 捕集效率低、载氧体寿命缩短等问题，因此将我国的煤种应用到化学链燃烧技术中，首先要解决的就是不同煤种与不同类型的载氧体的优化匹配问题。

4）煤灰、未反应的碳颗粒与载氧体的分离。煤灰会污染载氧体，导致载氧体失活，而未反应的碳颗粒若没有与载氧体分离，会与载氧体颗粒一同进入空气反应器，导致 CO_2 捕集效率降低。

5）加快试点工程建设，推动化学链燃烧技术产业化发展，并使其能进入商业化运作阶段。

（2）O_2/CO_2 混合富氧燃烧技术

与常规燃烧相比，富氧燃烧存在以下特点：①理论空气量少：随着富氧空气中含氧量的增加，理论空气需要量减少，当含氧量从21%提高到28%时，理论空气量可降低25%左右，相应的烟气量也减少。②火焰温度高：随着氧浓度的增加，理论火焰温度相应升高，但提升幅度逐渐减小。一般富氧浓度在26%~31%时最佳。③加快燃烧速度：燃料在空气中和在纯氧中的燃烧速度相差甚大，几种气体燃料在空气中和纯氧中的燃烧速度都快于在常规空气中的燃烧速度。故用富氧空气助燃后，不仅提高燃烧强度，加快燃烧速度，同时温度提高有利于燃烧反应完全。④降低污染排放：富氧燃烧烟气量减少可降低包含 CO、CO_2 等污染物的排放总量。此外，使用的空气中 N_2 浓度降低，使燃烧废气中的 CO、CO_2、SO_x、NO_x 浓度增加，可使 CO_2 捕集、排烟脱硝等废气处理更有效。

O_2/CO_2 混合富氧燃烧技术的主要挑战是锅炉火焰和热传输的特征，以及防止空气泄漏进入炉内等问题。况且许多现有锅炉没有设计防止漏气装置，需要更新所有锅炉可能是困难的。用氧气代替空气燃烧，因为它具有更高火焰温度，可提高热效率，而且在循环烟气中 CO_2 的比热较空气高且水蒸气的含量也高，使燃烧推迟，这需要对锅炉和燃烧器进行改进研究。

目前，电站锅炉采用 O_2/CO_2 混合富氧燃烧技术后，热效率随富氧量的增加而提高的幅度、锅炉内辐射换热与对流换热发生的变化，以及由此带来的锅炉改造、锅炉的安全经济运行、燃烧机理、水蒸气对材料的腐蚀等问题都亟待更加深入地研究。尽管空气压缩和分离技术在当今工业发展中是很普通的方法，但目前要研制大型空气分离设备使电站锅炉能应用 O_2/CO_2 混合富氧燃烧技术，并解决由空气分离而产生的大量副产品、氮气利用的合适途径等问题都有待深入研究（蔡灿稳等，2011）。

2.2.3　高温脱硫技术

按照操作条件，脱硫技术可分为低温湿法脱硫和高温干法脱硫。低温脱硫在化工、冶金和市政煤气中应用广泛，运行成熟可靠，设备简单。但是，在煤化工生产中，低温湿法脱硫会造成"冷热病"，即首先为了脱硫而降温，然后脱硫的合成气为了满足后续生产，需要再将气体加热升温，这个过程不仅会造成换热过程热量损失，降低系统的能量利用效率，而且增加了换热装置设备。

因此，开发高温环境下的脱硫技术对提高煤炭清洁高效利用具有重要意义。高温干法脱硫较常规湿法脱硫具有如下优点：①可回收高温煤气中占热值15%~20%的显热，并提高发电效率2%以上；②不必像湿法那样除去热煤气中的水气及 CO_2，直接推动燃气轮机，增加了输出功率；③省去了热交换装置，减少了设备投资，简化了系统，降低了发电成本；④硫回收弹性大，可视市场供需情况生产硫黄或硫酸；⑤煤气中的焦油等杂质不会因冷凝而堵塞系统。但目前煤气高温脱硫技术尚处于研究开发阶段，存在诸多问题，如过滤式除尘器的耐热性能差、脱硫剂结构不稳定、机械强度或耐磨性差引起的脱硫剂在使用过程中的粉化问题，严重影响了脱硫剂的再生，还会引起脱硫剂效率下降、脱硫剂的损耗和煤气含尘量的增加。这些问题尚未得到有效解决，因此虽然国外发达国家对高温煤气净化（脱硫）研究已有20多年的历史，但至今未能工业化。

目前世界上运行的几套 IGCC 示范发电厂，仍沿用湿法煤气净化技术。原因就在于高温脱硫剂的性能还不能满足要求。对脱硫剂的研究，目前多选金属氧化物或复合金属氧化物及负载型分子筛，按物系大致可分为钙镁系、铁系、铜系、锌系及其他物系。铁系脱硫剂相比之下是现行高温脱硫方法中最有前途的一种，其原料来源丰富、价格低廉，适于 600~700℃ 以下使用。合成气的高温净化由于存在脱硫剂粉化、气氛效应严重等问题，目前也有研究机构提出脱硫温区向中低温区（623~823K）转移。国外较多研究机构致力于如何合理考虑气氛效应硫含量和脱硫剂的状态、脱硫剂的研制、脱硫剂的再生性和脱硫工艺方面的改进和开发。我国也有很多研究机构开展中高温脱硫方面的研究，因而中美双方在中高温脱硫研究方面可开展理论与技术层面的多方面合作。

2.2.4　多污染物协同控制技术

目前，电力工业已形成了以脱硝、除尘、脱硫相结合的方式，来控制燃煤烟尘、

SO_2、NO_x的排放。研究结果表明，脱硝设施、除尘设施和脱硫设施在脱除其自身污染物的同时，对其他污染物及汞等重金属均有一定的协同控制作用（表2-1）。

表 2-1　典型污染物控制技术间的协同控制作用

项目	脱硝技术			除尘技术			脱硫技术			
	SCR	SNCR	SNCR-SCR	电	袋	电袋	湿法	干法	海水法	氨法
烟尘	○	○	○	√	√	√	●	●	●	●
二氧化硫	○	○	○	○	○	○	√	√	√	√
氮氧化物	√	√	√	●	●	●	●	●	○	●
超细颗粒	○	○	○	√	√	√	●	●	●	●
重金属	▲	○	▲	●	●	●	●	●	●	●

注：√为直接作用；▲为间接作用；●为协同作用；○为基本无作用或无作用。

2.2.4.1　多污染物协同控制技术现状

多污染物协同控制技术具有广阔发展前景，目前，国外正在研究开发的多种污染物协同控制新技术主要有：①同时控制二氧化硫和氮氧化物的技术，如 ROFA（rotating opposed fired air）和 ROTIMAZX 技术、THERMALONNO$_x$技术、FLU-ACE 技术等；②同时控制氮氧化物和汞的技术，如 LoTO$_x$低温氧化技术；③同时控制二氧化硫、氮氧化物和烟尘的技术，如 SO$_x$-NO$_x$-RoxBox（SNRB）技术、活性焦技术；④同时控制二氧化硫、氮氧化物、重金属汞的技术，如电子束技术、等离子技术、活性炭技术、电催化氧化（ECO）工艺、Enviro Scrub Pahlman 工艺、LoTO$_x$工艺等；⑤同时控制二氧化硫、氮氧化物、烟尘、重金属汞的技术，如活性焦技术。

我国在积极跟踪世界先进技术发展的同时，一方面在国外技术支持下，开展工业性或示范性试验研究，如电子束同时脱硫脱硝技术、ROFA 同时脱硫脱硝技术、活性焦同时脱硫脱硝脱汞技术等；另一方面，针对燃煤电站烟气 SO_2、NO_x、$PM_{2.5}$、汞等多种污染物以及温室气体 CO_2的排放，立足现状，着眼未来，组织开展适合国情的燃煤电站多污染物协同控制技术与装备及管理体系研究，其控制技术主要包括：①同时脱硫脱硝脱汞技术，包括湿法、干法、低温 SCR 等；②多污染物与 CO_2联合控制技术；③超细粉尘高效捕集技术；④提高现有非汞污染物控制设施对汞协同控制性能技术；⑤硝汞协同控制多效催化剂及其再生工艺；⑥燃煤电厂 NO_x-SO_2-Hg 资源化控制技术。

2.2.4.2　多污染物协同控制技术发展方向

随着环保法规、标准的日趋严格，不仅需要控制的污染物种类增加，而且控制的要求也越来越严厉，如果每种污染物均设置独立的脱除设施，不仅系统复杂，而且投资和运行成本大大增加，为此，对火电厂多种污染物进行协同控制已成为今后一段时期内电力行业的重要任务。

燃煤电厂多种污染物的控制方式主要有三种：一是从源头进行控制，即减少煤电在电力结构中的比重，扩大清洁能源的比重，同时提高燃烧煤质量，扩大洗煤比例，减少污染元素进入燃煤电厂；二是提高燃煤电厂的煤炭转换效率，即通过火电机组的结构调整，降低燃煤发电煤耗，提高清洁生产水平减少污染物的产生；三是实施末端治理，利用常规污染物的协同控制作用和专用的多污染物控制设施减少污染物的排放。

（1）发电技术升级或采用清洁发电技术实现多污染物控制

加快火电技术升级是今后火电技术的发展方向。在洁净煤发电技术中，提高蒸汽参数是提高效率幅度最大、最为基本的发展途径。目前，超超临界（USC）发电机组配以高效除尘、脱硫、脱硝装置，既提高了能源利用效率，又使常规污染物降低到较低水平，而且技术成熟，是现阶段改变我国火电能源结构的有效措施，也是实现多种污染物联合控制最有效的方式；超临界（SC）机组虽效率低于 USC 机组，但技术更为成熟，具有更广泛的适应性，且造价相对较低。

整体煤气联合循环（IGCC）在我国仍处于示范阶段，其技术具有发电效率高、环保性能好等特点，如将来 CO_2 受强制性指标限制，IGCC 将作为很好解决温室气体问题的有效途径之一。因此，我国的能源结构和可持续发展战略决定了我国更需要 IGCC，而它能否被接受和认可则取决于其造价的高低、运营成本、可靠性等，因此进一步降低造价、提高效率并控制污染物、CO_2 的排放是 IGCC 未来发展的主题。

循环流化床（CFBC）在我国已实现大型化和规模化。目前，我国新建常规燃煤发电机组已配置脱硫、除尘、脱硝等装置，循环流化床机组在燃烧常规煤种的前提下，相对于配置脱硫脱硝装置的超（超）临界机组已无明显优势，且大型循环流化床机组正在示范，其可靠性、经济性仍需提高。由此可见，其对常规煤粉、循环流化床技术的应用排位已低于 IGCC。但循环流化床机组燃劣质煤（如煤矸石）具有技术优势，且随着超（超）临界循环流化床技术的成熟，CFBC 仍具有较大的应用空间。

其他技术，如化学链燃烧等技术有待突破，在系统节能、提高能效利用、减少污染物排放方面有所期待，仍处于比较前沿阶段。

（2）基于现有污染控制设施改进的多污染物控制技术

结合现有脱硝、除尘和脱硫设施，进行 $PM_{2.5}$、汞等污染物脱除功能拓展，或实现脱硫、脱硝、脱汞一体化，无需增加太多设备，实现多污染物协同控制是当前重点发展方向之一。现有烟气治理设施技术相对比较成熟，运行、维护、管理已经走上正轨，现有设施上的功能拓展，对场地、一次性投资、运行维护费用及管理模式冲击不大，该研究方向对现役机组多污染控制意义重大。今后应通过组建系统的技术攻关，要多点切入研究，寻求多方面的突破，以期在较短的时间内，形成适合中国国情的自有技术。

（3）资源化技术

在脱除污染物的同时实现其副产物的资源化是循环经济模式下，最具竞争力的发展方向。

2.2.5　燃气轮机改造技术

燃气轮机的改造技术是煤炭清洁高效利用的至关重要的技术之一，尤其在煤清洁发电技术中占有极其重要的地位。

一般来讲，燃气轮机都是以高位热值的燃料设计生产的。显然，燃气轮机及其联合循环要用于 IGCC，首先就要求燃烧室改烧中热值或低热值的合成煤气。目前 GE 公司生产的 Fr9FA 型燃机及三菱公司生产的 M701F 型燃机都能成功地燃烧合成煤气，但西门子公司生产的 V94.3A 机组和 GE 公司生产的 Fr9H 机组及三菱公司生产的 M701G 和 M701H 型燃气轮机，则尚不能燃烧合成煤气，还有许多研究工作需要做。这正是目前开发高性能 IGCC 首要的而且必须及时解决的问题。

目前，世界上已经开发成功 FA 级、G 级和 H 级的先进燃气轮机及其联合循环，当它们改烧合成煤气后，机组的参数如表 2-2 所示。

从表 2-2 可知，当燃气轮机由 FA 级改为 G 级和 H 级时，IGCC 的净功率将由 384~420MW 分别增为 470~525MW 和 555MW，净效率则由 47.2%~48.5% 分别增为 48.3%~49.15% 和 51%。烧天然气的联合循环的比投资费用则由 338~348 美元/kW 分别降为 317 美元/kW 和 320 美元/kW[①]。这对提高系统的热效率、降低投资费用和发电成本都是有好处的。

表 2-2 2000 年后的 IGCC 电站的性能数据

燃气轮机型号	KWU V94.2	KWU V94.3	GE 9FA	KWU V94.3A	KWU V94.3A 改型[b]	MW 701G1	GE 9G	MW 701G2	GE 9H
第一台燃气轮机使用年份	1981	1992	1991	1995	1995	1997	1997	1998	1997
空分系统的整体化率/%	100	100	41	100	35	45	45	51	41
煤的输入量/(t/d)	1871	2521	2783	2581	2824	3117	3208	3492	3544
煤的输入量/MW（热）	575	775	856	793	868	958	986	1074	1090
合成煤气的输入/MW（热）	462	623	688	638	698	771	793	863	876
燃气轮机功率[a]/MW	159	229	25	242	301	330	345	370	390
蒸汽轮机功率/MW	126	174	189	183	183	208	200	227	242
厂用电耗功率/MW	30.9	37.7	59.4	40.8	64.7	67.9	690	71.7	76.8
IGCC 净功率/MW	254	365	404	384	420	470	476	525	555
IGCC 净效率/%	44.2	47.1	47.2	48.5	48.4	49.1	48.3	48.9	51.0
厂用电耗率/%	10.88	9.43	12.93	9.65	13.2	12.64	12.66	12.06	12.18
燃气透平初温/℃	1105	1290	1288	1310	1310	1427	1427	1427	1427

注：a 计算的 NO_x 排放量为 35g/GJ 合成煤气（掺和了饱和水蒸气的 N_2）。

b 为使空分系统的整体化率达到接近 40%，增加了燃气轮机中压气机的级数。

资料来源：焦树建，2006

根据多个 IGCC 电站运行经验表明，为了便于整套 IGCC 机组的顺利启动和运行，

---

① Gas Turbine World. Gas Turbine World 2004-05 GTW Handbook。

必须设置一定容量的备用燃料，如天然气或液体燃料。甚至为了提高机组运行的机动性和灵活性，希望机组能够同时混烧合成煤气和备用燃料。这样，就可以在合成煤气的供应数量和质量不佳时，通过调整混烧的备用燃料量，来满足机组负荷的需求和燃烧工况稳定性的要求。

此外，为了通过 IGCC 实现零排放和未来能源氢经济方向的发展需要，使燃气轮机能够直接燃烧氢气的任务已经提到日程上来。据文献报道：GE 公司已经完成了在燃气轮机中成功地燃烧 $50\% H_2 + 50\% N_2$ 的试验。这种混烧方法可以使 NO 的排放量降得很低，同时增大机组功率，但投资费用却要增大 15%；至于燃烧 $100\% H_2$ 的试验正在进行之中。

当燃用含氢量很高的气体燃料时，必须开发燃烧氢气的燃气轮机。为了进一步提高 IGCC 热力循环的效率，研究表明，当把透平第一级动叶前的燃气温度（turbine initial temperature，TRIT）提高到 1537.8～1648.9℃水平时，应把整机的压缩比由现在的 20∶1 提高到 30∶1，即要求压缩比提高 50%。显然从经济上讲，提高压缩比可以使气化岛的尺寸和造价减少很多，但是高压、高温和高流量的燃烧 H_2 的燃气轮机，在燃烧室与透平的设计方面都会有很大的困难。

就燃烧室而言，H_2 的火焰传播速度高（纯 H_2 的火焰传播速度是天然气的 20 倍，当体积混合比 $H_2/N_2 = 60/40$ 时，火焰传播速度仍比天然气快 10 倍）、火焰温度高（比天然气高 148.9℃）、火焰传播极限范围宽及点火能量低等特点，会导致在燃烧过程中发生自燃和回火现象。因而一般很难应用现已成熟的稀态预混 DLN 技术来设计 H_2 燃烧室。通常，仍然需要采用扩散燃烧模式或催化燃烧方式来组织燃烧过程，力求在减少冷却空气量和 N_2 掺混量的前提下，使燃烧室排气中 NO_2 的排放量降到 3×10^{-6} 以下。

就燃气透平而言，由于高压缩比、高透平初温和高质量流率的作用，以及燃烧产物对高温元件的对流换热效应因燃烧产物中水蒸气含量的增多而强化，同时为了提高透平效率、力求最低程度地使用冷却空气，这些因素必将使高温元件经受更加强烈的热负荷和气动负荷的作用。为此，有可能要求增加透平的级数，采用更好的合金材料，改善热障涂层（thermal barrier coating，TBC）和结合层的性能，并采用诸如陶瓷矩阵复合材料和装配式叶型的新概念来设计燃气透平。

显然，设计燃 H_2 的低污染燃烧室及先进的燃气透平在技术上都是巨大的挑战。美国计划于 2015 年对适宜于燃烧 H_2 和合成气的这类燃气轮机进行商业示范性的验证运行。该 IGCC 电站具有燃烧前捕集 80%～90% CO_2 的能力，NO_2 的排放量小于 3×10^{-6}，供电效率可提高 3～5 个百分点，投资费用有可能降低到 1000 美元/kW 以下。不过，在当前的 Future Gen 计划中，仍然以 G 型和 H 型燃气轮机作为改烧合成煤气的主要改型母机。

为了将燃气轮机的 NO_x 排放量降低到 3×10^{-6} 以下，人们还在研究催化燃烧的问题。据文献（Stamber，2004）报道，美国 Alabama Wilsonville 的 Power Systems Development Facility 已经示范了一种能够成功地燃用合成煤气的催化燃烧系统。

当原设计是燃烧天然气的燃气轮机改烧低热值煤气时，在维持燃气透平的初温恒定不变的前提下，燃料的质量流率和容积流率会有相当程度的增加，致使压气机可能发生喘振现象。为此，在改型设计 IGCC 电站使用的燃气轮机时，必须考虑燃气透平与压气机工质流量的匹配问题（Stamber，2000）。燃气透平与压气机工质流量的匹配问题与燃料的性质、压气机进口导叶的开启程度、空分系统的整体化率，以及空分后 N_2 回注燃气轮机的百分数等因素密切相关。

相对于燃烧天然气的燃气轮机来说，当改烧合成煤气时，燃气轮机的功率是会增大的。显然，对同一台燃气轮机而言，功率的增大程度与空分系统的整体化率、空分后所得的 N_2 是否回注燃气轮机、压气机进口可转导叶的开启程度，以及合成煤气的性质有关，简单地说，可以认为与流经燃气透平的燃气流量和从压气机吸入的空气流量的比值有关。

很明显，在 N_2 不回注的情况下，空分系统整体化率越高及压气机进口导叶的开启程度越小的机组，在燃烧天然气的工况改烧合成煤气时，燃气轮机功率的增大程度就越小。由此可见：即使选用同一种型号的燃气轮机作为 IGCC 的核心机，由于上述设计和运行条件的不同，机组的功率增大程度是不一样的。通常，GE 公司设计的燃气轮机在烧合成煤气时，其输出功率比烧天然气时增大 20% 左右。但功率特定增加量则与机组的型号和实际应用情况有关。例如，就 F7F 机组或 F9F 机组而言，功率的最大增加率可达 23%，但在某些使用条件下都只能增大 13%，F6F 机组则可以增高 28% 或 29%（Stamber，2000）。

无论在燃烧天然气还是合成煤气时，随着大气温度的下降，机组所承受的扭矩（也就是功率）都会有相当幅度的增长，而且在改烧合成煤气时，机组所承受的扭矩要比燃烧天然气时增大很多，这样就要求对燃气轮机的强度设计进行重大的修改，当然修改的工作量是相当可观的。为了避免这种重大的修改，GE 公司采取了一种折中的方案。他们建议：用原来烧天然气的燃气轮机在冬季所允许安全工作的最大设计功率（或扭矩）极限值，来控制机组改烧合成煤气时功率（或扭矩）的变化规律，这样就可以使原来烧天然气的燃气轮机，在结构强度方面（在承受扭矩的能力方面）无需进行重大修改的前提下，就能满足改烧合成煤气的要求。但是，这种方案必然会使改烧合成煤气时，燃气轮机增大做功量的潜力无法充分发挥。显然，对扭矩极限值设计得越高的燃气轮机来说，在改烧合成煤气时，机组就可以在比较高的等功率条件下运行。

目前 F 级重型燃气轮机的燃气初温为 1430℃ 左右，压气机压缩比达到 17～30，单循环效率达到 38%，联合循环效率达到 57%；先进级燃气轮机燃气初温已经达到 1450～1500℃，压气机压缩比 23～40，单循环和联合循环的效率分别达到 40% 和 60%；未来级重型燃气轮机燃气初温的目标是 1700℃，其单循环和联合循环的效率将分别达到 43% 和 64% 左右（蒋洪德，2011）。从某种意义上说，燃气轮机是最能够承受高温的动力机械（内燃，可以采用强化冷却技术和隔热涂层技术）。

2.2.6 CO_2 捕获、利用与封存技术

火电依然是目前乃至今后一段时间内中国电力来源的主要形式。火电行业是我国控制 CO_2 实现减排目标的关键领域。寻求能与现有普通燃烧电厂有效结合起来的、经济合理地减少 CO_2 排放的技术，是中国目前减少 CO_2 排放量的有效途径。CO_2 的分离捕集与封存技术，是 CO_2 控制的关键技术，也是目前的研究热点。

CO_2 的捕集按阶段可分为燃烧后、燃烧前以及氧燃料燃烧。对燃烧后 CO_2 的捕集系

统而言, 燃气流中 CO_2 的浓度、燃气流压力及燃料类型 (固体或气体) 都是选择捕获系统时要考虑的重要因素。此类系统典型的是对电厂排烟和天然气化工的尾气进行 CO_2 的分离。电厂的排烟中含有大量的、一定浓度较高的 CO_2, 在一部分现有电厂的废气中捕获 CO_2 在一定条件下是经济可行的。类似的, 在天然气加工行业分离 CO_2 在目前技术下也是可行的。燃烧前捕获 CO_2 所需技术可以从肥料制造业和制氢生产中得到。这种系统在燃料燃烧前进行燃料转换, 虽然煤气化等燃料转换过程的技术要求更高, 而且成本也较高, 但是燃气流中更高的 CO_2 浓度和压力也使分离更加容易。氧燃料燃烧是利用高纯度的氧气进行的, 尚处于示范阶段。这种方式使燃气流中的 CO_2 浓度高, 因而分离也更加容易, 但同时也必须考虑从空气中分离氧气导致的能源消耗量的增加。

目前, CO_2 分离方法主要有化学吸收法和物理法。其中, 化学吸收法是利用 CO_2 与化学物质发生反应, 使其在低温环境下结合、高温环境下进行分离的技术。主要的方法有热钾碱法 (苯菲尔法、砷碱法及空间位阻法等)、烷基醇胺吸收法 (乙醇胺 MEA 法、二乙醇胺 DEA 法、N-甲基二乙醇胺法等) 和锂盐吸收法等, 其中应用最多的是苯菲尔法和活性 MDEA 法 (王泽平等, 2011)。

膜分离法是利用某些聚合材料制成的薄膜根据不同气体的渗透率差异来分离气体的。膜分离法被认为是一种低能耗、操作简单的 CO_2 分离方法。目前, 膜分离急需解决的问题是研发低成本、耐高温、低分离回收能耗的膜和技术。

低温分离法 (又称深冷分离法) 是通过低温冷凝分离 CO_2 的一种物理过程。一般是将混合气压缩和冷却, 以引起 CO_2 的相变, 达到从混合气中分离 CO_2 的目的。深冷技术的优点之一是能直接将 CO_2 以液态形式分离出来, 与其他 CO_2 分离方法相比, 这种方法节省了液化过程中的压缩功。另外, 深冷分离可以实现大规模操作, 而膜分离和吸附分离实现大规模操作还有一定难度。深冷分离真正用于 CO_2 回收的关键在于能够以低能耗获得低温冷源, 使 CO_2 分离能耗降到可以接受的程度 (姜钧等, 2010)。

2.2.6.1　CO_2 的输送

管道输送是在大约 1000km 距离内输送大量 CO_2 的首选途径。对每年在几百万吨以下的 CO_2 输送或是更远距离的海外运输, 使用轮船在经济上也是可行的。

CO_2 的管道输送技术日趋成熟, 在美国, 每年有超过 2500km 的管道运输超过 40Mt 的 CO_2。绝大多数输气管道, 由上游端的压缩机驱动气流, 部分还需要配有中途压缩站。即使含有污染物, 烘干的 CO_2 对管道也没有腐蚀性。在 CO_2 含有水汽的部位, 可以将水汽从 CO_2 气流中分离出来, 以防止腐蚀, 同时也避免了采用防腐材料构建管道所耗费的成本。利用船舶运输 CO_2, 与运输液化石油气相似, 在特定条件下是经济可行的, 但由于需求有限, 目前仅小规模进行。CO_2 也能够通过铁路和公路罐车运输, 但就大规模 CO_2 运输而言, 则不具有吸引力。

2.2.6.2　CO_2 的封存

将 CO_2 应用于工业生产中的储存技术是指将捕集的 CO_2 加工为液体、气体或作为生产有价值含碳产品的化工原料的应用技术。该技术成熟, 但由于储存量小, 这一途径对减排 CO_2 的贡献不大。

（1）地质封存

CO$_2$的地质封存是指将CO$_2$储存于地质构造，如气油田、不可开采的煤田、深层盐沼池等中的技术。目前深盐沼池，石油、天然气田中的储存技术是成熟的，并且已经证明对石油和天然气田及盐沼池构造而言，在特定条件下是经济可行的。对煤层封存，要求这些煤层由于太深或太薄而不具备开采价值，而且如果后来被开采，那么封存的CO$_2$将被释放出来。在封存CO$_2$的同时，强化煤床甲烷的回收（ECBM）具有增加煤田的甲烷产量的潜力。产生的甲烷可以利用而不会被释放到大气中。但是，这样的封存技术的可行性尚未得到证实（图2-2）。地质封存因可以实现强化采油、提高不可开采煤层CH$_4$的回收率，受到经济利益的驱动，成为CO$_2$储存的首选。

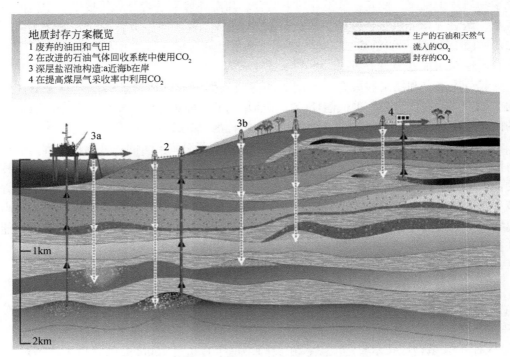

图2-2　增加煤田甲烷产量的CO$_2$封存技术

如果CO$_2$被注入深度在800～1000m以下适当的盐沼池构造或石油田或天然气田，则此时CO$_2$是超临界的，具有液体一样的密度（500～800kg/m^3），这为地下封存空间的有效利用提供了可能性，并且改善了封存的安全性。在各种物理、地球化学的俘获机理作用下，CO$_2$被阻止向地面移动。大体上，一种基本的物理俘获机理就是冠岩作用。冠岩是一种渗透度非常低的岩石，可以起到上部密封的作用，从而阻止流体从封存储层中流出。煤床封存依靠CO$_2$在煤上的吸附，可以在相对较浅的深度上进行，但是该项技术的可行性很大程度上取决于煤床的渗透度。CO$_2$封存与强化采油，或者提高煤层气采收率之间的联合能够产生来自石油或天然气采的额外收入。根据目前应用的钻井技术、注入技术、封存储存性能，进一步开发计算机模拟及监测方法，可以有效为地质封存项目的设计和实施奠定基础。

综上所述,温室气体控制的各项研究工作具有不同的发展阶段(表2-3)。一个完整的温室气体控制系统可通过利用成熟的或在特定条件下经济可行的现有技术组合而成,而整体系统的发展状态可能慢于其中某些单独部分的发展。目前集 CO_2 捕获、运输及封存为一体的温室气体控制系统方面的研究和经验相对较少。大型电厂对 CCS 技术的利用仍有待实施。

表 2-3 温室气体控制研究的现状分析

研究领域	控制技术	研究阶段	示范阶段	经济上可行	成熟的市场
捕获	燃烧后			X	
	燃烧前			X	
	氧燃烧		X		
	工业分离(天然气加工、氨的生产)				X
运输	管道				X
	船舶			X	
地质封存	强化采油(EOR)				X
	气田或油田			X	
	盐体构造			X	
	强压煤床甲烷回收(ECBM)		X		
矿石碳化	天然硅酸盐矿物	X			
	废弃物		X		
工业利用					X

注:X 表示每个部分最高程度的成熟性。各部分也大都存在一些不太成熟的技术。

资料来源:《IPCC 关于 CO_2 捕获和封存的特别报告》

(2)气油田储存

气油田储存可分为强化采油(EOR)回注储存、采空油气井储存两类。每采出 1 桶原油需 $170 \sim 283 m^3$ 的 CO_2,其中 50% CO_2 仍留在地层中,另 50% 的 CO_2 与原油一起返回地面,再回收、压缩、回注。强化采油的经济性取决于 CO_2 的价格与可获得性、油田地质特征、油价与政府的政策。有研究表明:油价高于 $18 \sim 20$ 美元/桶,CO_2 强化采油才具有竞争力。

(3)注 CO_2 提高煤层甲烷回收率储存技术

注 CO_2 提高煤层甲烷回收率储存技术是注入两分子的 CO_2,使其吸附到煤的表面上,从而驱替一分子的 CH_4,与强化采油相比,CO_2 吸附在煤的表面,不会发生泄漏。注 CO_2 提高煤层甲烷回收率成功的技术经济因素有:煤层深度 $300 \sim 1500m$、煤层渗透性能好、煤层不计划开采、CO_2 的来源与价格、天然气价格。表 2-4 给出了煤层储存 CO_2 的费用估算。

表 2-4　煤层储存 CO_2 的费用估算

项目	存量 1	存量 2	存量 3
储存能力/10^6t	5 ~ 15	60	150
成本/(美元/t CO_2)	15	50	100 ~ 120

以盐沼池构造和枯竭油气田中的储存为例，每注入 1t CO_2 成本为 0.5 ~ 8.0 美元，另需 0.1 ~ 0.3 美元/t CO_2 的监测成本。表 2-5 给出了不同地质储存方式的相对储存能力、相对成本、储存效果、技术可行性的对比。

CO_2 地质储存渗漏所引发的风险有两个，即全球风险和局部风险。全球风险是指 CO_2 泄漏到大气中，引起显著的气候变化，有研究表明，100 年储存在储层中的 CO_2 的保有量会超过储存总量的 99%，随着时间的推移，地质化学作用使泄漏的风险进一步降低。

表 2-5　地下储存 CO_2 的对比

储存方式	相对储存能力	相对成本	储存效果	技术可行性
强化采油	小	极低	好	高
提高煤层甲烷采收率	未知	低	未知	未知
采空油气井	中	低	好	高
地下含水层	大	未知	未知	未知
矿坑或岩洞	大	极高	好	高

局部风险是指 CO_2 从储存结构中泄漏出来，对人类、生态系统和地下水造成局部危害。主要表现在以下几个方面：①井喷或泄漏，当浓度达到 7% ~ 10% 时，会危害人体健康；②注入未被发现的断层，CO_2 聚集在地面和地下水位的上部，影响饮用蓄水层和生态系统；③在地形条件不利时，造成生物受到伤害。

（4）海洋储存

海洋储存是指将捕集的 CO_2 通过管道或船舶运输到海洋储存点，再将其注入海底或海洋的水柱体。储存量的决定因素有海洋允许的 pH、CO_2 在海洋与大气中的分压、注入的深度等。海洋储存 CO_2 的成果估计见表 2-6。

表 2-6　海洋储存 CO_2 的成果估计

储存方法	成本（美元/t CO_2 净注入量）	
	距陆地 100km	距陆地 500km
固定管道	6	31
船舶/平台注入	12 ~ 14	13 ~ 16

海洋储存的生态和环境风险主要表现在以下几个方面：①大量 CO_2 注入海洋会引起水体的变化，环境影响可能是决定储存量的主要影响。有计算机模拟结果表明：注入 1500m 和 3000m 深度水体的 CO_2，200 年后将有 18% 和 8% 返回大气环境，由于 CO_2 密

度大于空气的密度，CO_2 将聚集在地表，浓度过高会危及人类安全。②注入点附近 pH 下降，影响海洋生物的正常生活。有研究表明：注入点附近 pH 可达 4，而周围环境约为 8。③海洋 CO_2 的增加，影响海洋生物的生长、繁殖，导致死亡率升高。④从海底上升的 CO_2 会从液态变成气态，瞬间发生爆炸，引起生物窒息死亡。

（5）固化为无机碳酸盐（矿石碳化）

利用 CO_2 与碱、碱土氧化物发生化学反应，从而固定 CO_2 的技术被称为固化为无机碳酸盐技术或矿石碳化技术。碱和碱土氧化物广泛地存在于天然生成的硅酸盐岩石中，据有关文献估算：地壳中硅酸盐的金属氧化物含量已超过所有化石燃料储量燃烧释放出来的 CO_2 的量。利用天然硅酸盐的矿石碳化技术，是一个极其缓慢的过程，尚处于研究阶段，利用工业固体废物的部分碳化技术已处于工业示范阶段。

目前，矿石碳化技术发展中存在的问题主要有：①需对矿石进行加工和粉碎作业，消耗能量为捕集的 30%~50%，这样配备了矿石碳化 CCS 系统的发电厂与未配备发电厂相比，每千瓦时多投入 60%~180% 的能量，使 CO_2 净排放成本增加；②碳化后形成的固体废弃物量大，难处理，对环境产生影响，每碳化 1t CO_2 需硅酸盐 1.6~3.7t，碳化后需处理的固体废弃物总重量高达 2.4~4.7t。

（6）森林和陆地生态系统储存

通过森林和陆地生态系统储存 CO_2 可减轻全球环境变暖。有研究表明：全球生物生长可永久储存 CO_2 20 亿 t/a（光合作用吸收 600 亿 t/a，有机物分解又释放 580 亿 t/a）。在一个典型森林的生命周期中，每万平方米森林每年的生物质增长量约为 3~10t（干基），可固定等重的 CO_2。该项储存技术存在成熟时间长、净储存量小，森林成熟后储存的增长量少、造林成本高等问题。陆地生态系统也是储存 CO_2 的一个库。500MW 燃煤电厂，在 35 年中，若每年吸收 300 万 t CO_2，需要 2000km² 的陆地生态系统。

由于 CO_2 的埋存存在一定的污染和风险性，美国联邦政府针对 CCS 制定了相应的法律法规。2008 年 7 月 15 日，美国环境保护署首次对地下封存 CO_2 提出法规管制议案——安全饮用水法案（*Safe Drinking Water Act*，SWDA），以保证饮用水免受污染。2009 年 5 月 15 日通过的美国清洁能源与安全法案（*American Clean Energy and Security Act*，ACES）（HR2454），专门设立一章规范碳捕捉与封存实施。该法案将在清洁空气法中增加新的规定，要求环境保护署建立协调机制来验证与许可地质封存。同年 12 月，清洁空气法修正案（*Clean Air Act Amendments*，CAAA）将 CO_2 和其他 5 种温室气体列为大气污染物。清洁能源工作和美国电力法案（*Clean Energy Jobs and American Power Act*）（S1733）还制定了未来燃煤电站的 CO_2 排放标准：要求所有可能导致年排放量 25 000 t 以上的厂家或进口商都必须获得相应的排放许可，如果在 2020 年后获得大气污染许可证，新的燃煤电厂必须至少减少 65% 的 CO_2 排放；2009~2015 年获准修建的电厂必须采用 CCS 技术，按规定的装机容量运行，4 年之内，应至少减少 50% 的 CO_2 排放。2010 年 11 月，美国环境保护署签署了美国安全碳存储技术行动条例。新条例规范了 CCS 项目的具体实施措施，要求对 CO_2 封存设施情况进行监控并汇报有关数据。2011 年 3 月 2 日，美国参议院全票通过了将 CO_2 封存法案纳入法律条款的提议案（HB259）。该法案直接规范天然气运输管道和电缆的建设，HB259 是 2001 年肯塔基州立法者 HB1 法案通过后的产物，HB1 是一项标志性的州能源法案，强调了碳捕集与封存作为环境和经济发展工具的用途。2011 年 5 月 16 日，参议院能源与自然资源委员会听证会通过了两项重要的碳封存法案，分别为"CO_2 捕集技术法案（S.757）"及"2011 美国能源部（DOE）碳捕集与封存规划修正案（S.699）"，这两个 CCS 法案将确保煤炭未来长期使用。目前中国在针对 CCS 技术造成的生态环境和人类健康危害保护方面还没有相应的法律文件。因此，我国还需建立专门的 CO_2 捕集法规，以保证 CO_2 捕集顺利实施。

2.2.7 超超临界高温材料亟待解决

近年来，我国超临界机组得到了快速发展，对节能减排起到了关键作用，但在设计及运行过程中也出现了一些问题，主要表现在以下几个方面。

（1）超超临界机组主机设计技术主要依靠国外技术

到目前为止，我国已成为国际上投运超超临界燃煤机组最多的国家。但我国的 600MW、1000MW 级超超临界机组的锅炉、汽轮机制造均采用与国外公司技术合作的方式，设计核心技术和高端技术的关键部分仍被国外公司垄断，设计软件外商只提供目标程序，不提供源程序，致使只能使用引进程序，不能进行修改和改进。因此，一方面需要向技术合作方支付使用费用，另一方面按照协议要求，未经国外公司许可，我国制造的这两种等级超超临界机组不能出口到第三方国家。这就大大限制了我国的燃煤火电技术的发展，并对实现国家机械制造设备走出去的发展战略造成障碍。值得欣慰的是，近年来设备制造厂努力探索消化吸收引进技术再创新的渠道，并取得了明显的进步。

（2）管道的蒸汽侧氧化引起的汽轮机叶片固体颗粒侵蚀

管道的蒸汽侧氧化及由此引起的汽轮机叶片及旁路阀密封面固体颗粒侵蚀（SPE）是超（超）临界机组特有的严重问题。我国部分超超临界火电机组氧化皮冲蚀汽机叶片在投产后其高压缸内的效率下降近 2%~3%。因此，如何防治管道的蒸汽侧氧化及由此引起的汽轮机叶片及旁路阀密封面固体颗粒侵蚀问题，阻止机械效率下降，也是摆在超超临界机组运行方面的重要难题。

美国是世界上最早发展超临界机组的国家，早在 1959~1964 年就已采用二次再热，初压大于 24MPa，温度大于 566℃，最高达到 621℃ 或 649℃。在 1965~1977 年绝大多数机组又改为一次再热，初参数逐渐回落到初压 24MPa、初温 538℃ 的水平。这些机组运行后，发现调节级和再热第 1 级喷嘴和动叶片普遍遭到严重的 SPE 损伤，并且是引起强迫停机的主要原因，因而大大降低了超临界机组的经济性和安全可靠性，以致成为当时美国电力工业面临的一个大问题。运行中还发现，随着这些机组役期的延长和更多地参与调峰运行，SPE 损伤呈现持续严重的现象。据调查，80% 的公司反映其高压汽轮机的喷嘴和叶片受到固体颗粒的侵蚀，大多数公司认为这一问题不仅超临界机组存在，而且亚临界机组也存在。美国电力公司（AEP）的运行经验表明，超临界机组经过 6~7 年运行以后，高压喷嘴和叶片的更换次数比亚临界机组高 50%。

美国超临界汽轮机固体颗粒侵蚀的原因可能与缺少旁路系统有关。美国有不少超临界汽轮机直接进气，无旁路系统。欧洲国家超超临界机组采用高低压旁路系统（如100%旁路），减少启动时过热器的温度变化，从而减少固体颗粒剥离，同时把启动时产生的固体颗粒全部排入凝汽器。欧洲国家普遍采用的旁路系统已被证明，对减轻固体颗粒侵蚀有显著作用。美国新的超临界机组，锅炉装有内置分离器或采用旁路系统，固体颗粒侵蚀大为减轻，美国电力研究所（EPRI）建议超超临界直流锅炉都采用内置分离器。另一个产生 SPE 的主要原因是，当时冶金工业的发展水平还不能提供足够耐高温的金属材料，以及汽轮机的设计制造水平有限。在当时锅炉所采用的高温参数下，使用材料上的冒进使其抗氧化性能大大降低，给 SPE 的形成创造了条件。目前，美国在直流锅炉高温受热面和高温管道上采用更好的抗氧化材料（主要有铁素体钢、奥氏体钢和镍基合金），减少锅炉管内产生的氧化铁剥离物，有效地减轻了固体颗粒侵蚀（张燕平等，2012）。

对蒸汽氧化及固体颗粒侵蚀的防治，还可采用调节级和再热第一级的结构改进，如采用子午面型线、反动级、倾斜喷嘴、增大动静叶片轴向间隙、全周进汽、减少锅炉的启停次数、防侵蚀涂层与工艺等措施。另外，超超临界锅炉受热面高温段管材采用内表面喷丸或定期酸洗，以及变压运行，对减轻固体颗粒侵蚀也有一定的作用。

在防治方面，美国、日本、欧洲等国（地区）已进行了较深入的研究并积累了较多经验。如果机组能长期在较稳定的负荷下运行，氧化皮脱落的概率就大为降低。这样，不管采用何种炉型或机型，配何旁路，一般不会出现明显的 SPE 问题。例如，美国某电厂带负荷 20 年基本没有发生 SPE 问题，后来改作两班制运行，仅 1 年多就出了问题。可见，对超超临界机组，解决 SPE 最有效的方法就是尽可能地减少锅炉汽水系统的冷热循环，减少锅炉的启停次数。GE 公司采用改变喷嘴端壁面的几何形状，以及调节级和再热第一级喷嘴与动叶相对距离的方法，显著地降低了侵蚀速率。同时采用扩散合金铁铬硼涂层、等离子喷涂铬碳化物等技术，提高了叶片表面的耐磨性，有效地阻止了颗粒侵蚀。目前，对蒸汽氧化及固体颗粒侵蚀的防治，其可靠性、安全性及经济性等方面的研究和改善还需要进一步加强（张燕平等，2012；冯伟忠，2007）。

（3）锅炉爆管引起的设备可靠性问题

超临界机组在运行过程出现的锅炉爆管问题主要是锅炉高温过热器因氧化皮大量堆积导致的爆管，导致氧化皮大量产生的主要原因是金属材料的抗高温氧化性能和管壁温度，氧化皮大量脱落的主要原因是烟气侧和蒸汽侧的强制冷却造成金属基体和氧化层之间的热应力较大。

（4）尚未掌握三大主机相关关键技术

国内尚未掌握超超临界锅炉水冷壁的传热和水动力特性、过热器和再热器热偏差特性、超厚壁大口径受压元件及刚性梁结构设计等关键核心技术。对超超临界汽轮机的气动设计、冷却技术、强度与振动研究、末级长叶片设计和热力系统优化等设计核心技术仍未开展相应的自主研究。由于超超临界发电机电流大、电压高，发电机在运行中所产生的热量较大，电动力较强，要求绝缘材料可以承受高温、高电压和高机械强度。这些发电机的指标都成为超超临界发电机设计的技术难点，亟须我国快速消化吸收。

（5） 辅机及配套阀门的国产化方面还有较大缺口

超超临界机组的辅机及配套阀门设备仍然要依赖进口，高参数阀门目前大部分需要向国外采购，给水泵及其驱动汽轮机、给水加热器和大型凝汽器等关键辅机还没有完全形成自主设计能力。

（6） 关键共性技术研究体系尚不完善

对关系到行业技术发展的共性技术尚未有效地组织起开发体系，核心技术自主创新能力不足，对超超临界机组高温高强度材料的研发、超超临界锅炉和汽轮机关键共性技术未能组织起有效的试验研究。

（7） 高温材料尚未实现国产化

随着国内大批超超临界机组的建设，国内主要相关科研院所、锅炉汽轮机制造企业等逐步认识到高温部件材料性能基础研究的重要性，相继投入经费进行高温材料性能的研究。国内目前已基本上形成以科研院所和制造企业两大系列的电站材料研发基地，拥有一定的研究装备条件，取得了一些研究成果。现阶段，我国开始了国产 P92、Super304H、TP347HFG、X12CrMoWVNbN10-1-1 转子锻件材料的长期力学性能研究，但国内电站高温部件材料总体研究水平与美国、欧洲和日本相比仍有较大差距，大管径、大锻件毛坯材料仍需要进口。国内电站高温部件材料在 600℃ 等级机组中已经出现一些技术问题，部分小管径高温部件长期抗蠕变性能有待提高，有些甚至已经严重影响机组的正常运行。在 600℃ 超超临界机组高温材料应用方面，我国已初步掌握了大口径 P92、T92、S30432 和 S3104 钢管的生产制造技术，并正在形成一定的供货能力，但尚未完全掌握汽轮机叶片、转子等高温材料生产制造技术。直径小于 6mm 的小口径管用量占总需求的 54%，而直径大于 219mm 的大口径管用量占总需求的 26%，两部分合计占80%。P92、S30432 和 S31042 钢管（迄今基本上全部为进口管）已经实现国产化批量供货，在随后的一些年内必将逐步增加国内市场的份额。但是，必须认识到我国在S30432、P92 和 S31042 钢管的技术成熟度方面（包括钢管本身的组织和性能、可加工性等）与日本相比还有非常大的差距，而且我国在高端锅炉钢基础研究方面与日本相比存在更大的差距。为从根本上改变高端锅炉钢技术的落后局面，必须加强锅炉钢的基础理论问题研究。我国在高温材料试验方面投入较少，基础薄弱；没有可供锅炉和汽轮机高温部件进行长期试验的机组。

2.2.7.1 超超临界锅炉技术

（1） 超超临界锅炉材料

高温耐热钢是超超临界机组发展的基础。近十几年来，美国等国家致力于锅炉耐热新钢种的研究开发。经多年在役考验及试验论证，一些改良型铁素体、奥氏体耐热钢以其优异的热强性、抗高温氧化、腐蚀性及良好焊接工艺性脱颖而出，并相继得到国际权威机构的认可，在当今超临界、超超临界机组厚壁及高温部件中得到越来越广泛的应用，并体现出越来越重要的价值。

这些新型耐热钢的基本合金化特点：对铁素体钢，主要利用多元复合强化，即利用 W、Mo 固溶强化和 V、Nb/Ti 碳、氮化合物弥散强化来提高钢的蠕变强度，并通过适当降低含 C 量，改善钢的可焊性和加工性；对奥氏体钢，以富 Cu 相、C(N)化 Nb/Ti 沉淀析出或优化热处理方式，使传统 TP300 钢获得细晶，极大提高材料的蠕变断裂强度和抗蒸汽腐蚀能力。

(2) 控制技术

超超临界锅炉在稳定运行期间，必须维持某些参数比率为常数，在变动工况时必须使这些比率按一定规律变化，以便得到稳定的控制，而在启停和调峰运行时，则要求大幅度地改变这些比率，以得到宽范围的控制。这些比率是：①给水流量/蒸汽流量（过热度）；②热量输入/给水流量（煤水比）；③喷水流量/给水流量。

(3) 煤种适应性和卫燃带布置

对超临界和超超临界锅炉，中国国内大多数采用 Π 形布置且锅炉设计煤种一般为烟煤或烟煤与贫煤的混煤。至今还没有锅炉设计煤种为无烟煤的超临界锅炉，这主要是因为超（超）临界锅炉必须是直流锅炉，而至今大容量超（超）临界锅炉直流锅炉的总体布置形式主要有两种，即 Π 形和半塔形，在 Π 形和半塔形锅炉中无烟煤的燃尽率较低、燃烧稳定性较差。

超临界和超超临界锅炉一般很少布置卫燃带，主要是因为大型超临界锅炉具有较好的低负荷稳燃能力和调峰深度，布置卫燃带会引起锅炉炉膛温度偏高而易结焦。

2.2.7.2 超超临界汽轮机技术

超超临界应用中的汽轮机设备取决于所选择的再热级数、机组额定功率和现场背压特性。对 1 个一次再热和功率输出在 800~1000MW 范围，典型的汽轮机组将建成 3 个分开的汽轮机部件，在不同的压力和温度水平下运行。这些部件是高压缸（HP）、中压缸（IP）和 2 个低压缸（LP）。发电机与最后的低压缸直接相联。应用现代化的材料研究成果，这种设计允许蒸汽温度在 600℃ 和 620℃ 左右。将蒸汽参数进一步提高到约 650℃，就需要在设计上采取新的措施，如高温部件的主动冷却和新型材料的应用。超超临界燃煤发电机组，其主蒸汽压力为 25~35MPa 及以上，主蒸汽和再热蒸汽温度一般在 600℃ 以上，700℃ 超超临界燃煤发电机组是超超临界发电技术的发展前沿。在超临界与超超临界状态，水由液态直接成为汽态，即由湿蒸汽直接成为过热蒸汽、饱和蒸汽，热效率较高，因此，超超临界机组具有煤耗低、环保性能好和技术含量高的特点，且温度越高，热效率越高，煤耗越少。例如，与 600℃ 超超临界发电技术相比，700℃ 超超临界燃煤发电技术的供电效率将提高至 50%，每千瓦时煤耗可再降低近 70g，CO_2 排放减少 14%（赵永生和蒋寻寒，2005）。燃煤电厂蒸汽参数达到 700℃ 需要解决一系列的技术问题：高温材料的研发及长期使用的性能；大口径高温材料管道的制造及加工工艺；高温材料大型铸、锻件的制造工艺；锅炉、汽轮机设计、制造技术；高温部件焊接材料研发及焊接工艺；高温材料的检验技术；机组初参数选择，系统集成设计及减少高温管道用量的紧凑型布置设计。

根据中国的实际情况，要实现超超临界机组设备设计制造的自主化，应在消化吸收引进技术的同时，加强国内自主创新的力度，重点解决高端材料、关键部件和设计技术等核心技术问题，逐步形成中国特色的、具有自主知识产权的超超临界成套设备设计制造技术，以应对未来发电设备市场激烈的国际竞争。具体来讲，应从以下几个方面开展工作。

(1) 开发具有自主知识产权的超超临界机组

通过研究开发大于1200MW级超超临界机组，掌握1200MW级超超临界机组相关系统、布置、设备、安装、运行的核心技术，培养并造就一批具有丰富实践经验的技术研究开发和工程技术人才，形成我国自主开发、设计和制造超超临界机组的能力。

(2) 深入研究由管道的蒸汽侧氧化引起的汽轮机叶片固体颗粒侵蚀

我国在超临界技术方面的经验不多，对超超临界技术的认识还很有限，为少走弯路，需及早对发展超超临界技术可能伴生的问题，尤其会对机组安全经济运行产生严重威胁的突出问题——管道的蒸汽侧氧化及由此引起的汽轮机叶片固体颗粒侵蚀进行超前研究。从基础层面对由管道的蒸汽侧氧化引起的汽轮机叶片固体颗粒侵蚀产生的机理进行全面和深入研究，从系统设计、设备选型、施工及调试，以及控制和启动、运行方式等方面进行综合研究，充分吸收和借鉴国外先进的经验和技术，开展相应的技术交流与合作，采取针对性的措施，避免重蹈美、日等国在这一领域的覆辙。

(3) 提高超临界锅炉的安全性

超（超）临界机组因为蒸汽参数较高，所以容易产生锅炉高温受热面蒸汽氧化腐蚀问题，使超临界机组的节能减排效果受到损失。因此，首先应从解决氧化问题入手，开展燃烧调整工作，降低高温受热面热偏差，避免管材超温，并对机组启、停方式进行优化，避免管壁温度的快速、大幅波动；同时采取控制脱落、加强检查、及时清理等措施。

(4) 借鉴国内优秀企业系统优化及改进方面的经验

在超超临界机组设计及系统优化及改进方面可以借鉴国内先进企业的经验。以外高桥第三发电厂为例，外高桥第三发电厂通过各种技术的集成创新，供电煤耗达到世界领先水平。外高桥第三发电厂从原始工程设计开始就开展多项技术创新，在机组运行后又完成了多项原始改进创新，走出了一条属于中国式的火电工程设计及不断技术改进创新的成功之路，所研发的所有节能技术，原则上都可以应用于新建机组。而其中相当部分属于通用技术，性价比高，综合节能效率在3%以上，这些技术完全可推广用于现有机组的节能改造，对CO_2的减排具有重要的意义。其特点是，在工程设计阶段就开始策划，注重学习、吸收国内外大机组工程的特点，并推进设计创新，力争设计理念更先进、工程综合水平更高。与此同时，在工程运行、调试及随后的运行各阶段通过将锅炉热力系统优化、汽轮机热力系统优化、烟气脱硫优化、冷端优化等设计优化，实现各种技术的集成创新，实现从工程到运行的技术创新的连贯性和持续性。从而最后达到供电煤耗世界领先的水平。

外高桥第三发电厂在 2008 年投运后，研发和实施的节能创新项目，在锅炉方面主要有回转式空气预热器全向柔性密封技术、FGD 能量平衡技术（脱硫烟气余热回收技术）、直流锅炉节能启动技术、再热器系统压降优化技术等。在汽轮机方面主要有机组设计参数和运行方式的优化、蒸汽和给水管道系统优化技术、固体颗粒侵蚀（SPE）综合治理系列技术、广义回热技术等。上述节能创新技术总共提高的效率为 2.08%。

（5）实现高温耐热合金国产化

中国有一批长期为航空航天、舰艇等行业提供高温合金研制和生产的科研院所、材料生产企业，具有一定的高温耐热合金研究和生产经验。此外，近几年国内材料生产装备和能力有了显著进步，包括 12t 高温合金真空自耗炉、36 000t 挤压机、3000t 热挤压锅炉管生产线等。这些科研和生产软硬件的改善为开展高温耐热合金国产化研发提供了条件。

通过开展高温长周期蠕变试验、高温蒸汽氧化腐蚀试验、高温时效等试验，得到材料的服役特性，掌握机组设计、制造和安装，以及将来运行中所需的各种材料性能数据、现场安装加工工艺、镍基合金部件无损检测技术等材料共性技术。通过小炉冶炼，对材料的构造组成进行分析优化，进行材料的国产化研究，试制国产化高温材料。材料的研究须与相关课题的具体问题相结合，通过反复地试验和方案的修改，实现高温合金材料的国产化。

预计 2015～2020 年将迎来洁净燃煤发电技术发展最为关键的阶段，即采用镍基和奥氏体为材料的高超超临界（或称先进超超临界）蒸汽参数的发电设备的产业化阶段，其参数压力将大于等于 35MPa，温度大于等于 700℃。预计未来 15 年超临界和超超临界机组在国内新增火电市场的份额可达 70% 以上（朱宝田和赵毅，2008）。表2-7 为不同参数燃煤发电机组的热效率和煤耗比较[①]。

表 2-7　不同参数燃煤发电机组的热效率和煤耗

参数名称	蒸汽温度/℃	蒸汽压力/MPa	热效率/%	煤耗/[g/(kW·h)]
中温高压	435	3.5	24	480
高温高压	500	9	33	390
超高压	535	13	35	360
亚临界	545	17	38	324
超临界	566	24	41	300
超超临界	600	27	43	284
700℃超超临界	700	35	46 以上	210

---

① 700℃超超临界燃煤发电机组发展情况概述（一）. 2010. 国家重大技术装备网，http：//www. chinaequip. gov. cn/2010-10/19/c_13564197. htm。

超超临界发电技术是国际上发展已经比较成熟的技术，已经实现了大容量和大规模商业化，在材料工业条件允许的情况下，该技术正朝着更高参数、更高效率的方向发展。

2.3 煤炭清洁高效利用技术发展路线图

2.3.1 中国煤炭清洁高效利用技术发展路线图

中国正在走低碳发展的道路，提出到 2020 年单位 GDP 的 CO_2 排放比 2005 年下降 40%~45% 的宏伟目标。从中长期来看，中国若要实现控制温室气体排放的目标，现有的和前瞻性低碳技术的部署与应用则至关重要。因此，合理规划技术路线图，是中国实现煤炭清洁与高效利用的重要保障（吴昌华，2010）。

在中国关于煤炭清洁与高效利用发展路线图的研究中，代表性的研究包括中国科学院能源领域战略研究组（中国科学院能源领域战略研究组，2009）编制的"中国至 2050 年能源科技发展路线图"、国家技术前瞻课题组（国家技术前瞻课题组，2008）绘制的节能减排技术路线图等。

中国由于资源禀赋的限制，应继续在煤炭清洁高效利用方面进行技术创新和应用；除了清洁能源发电和能效技术之外，对保障可再生能源并网与高效利用的电网安全稳定技术也应当给予高度重视；在推动现有技术的研发和应用的同时，需要将国际前沿的新型能源技术纳入战略目标当中（Blair，2009；邓梁春等，2009）。图 2-3 为中国煤炭清洁与高效利用发展路线图。

该发展路线图主要分为四个时间跨度。

第一阶段（目前至 2015 年前），重点在发展超超临界发电技术、IGCC&CFB 技术的基础上，积极开发应用高效的污染物控制技术、煤气化技术。同时，进一步研发煤制烯烃、煤制油及低阶煤分级炼制等自主知识产权技术和工艺包。开展风电、太阳能等可再生能源的试验和验证。

第二阶段（2015~2020 年），突破超超临界机组材料限制，增加机组容量，提高发电效率，实现 IGCC 工程的示范验证。逐步建立煤制烯烃、煤制油及低阶煤分级炼制技术等示范工程，开展新型燃料电池和化学链燃烧技术的示范前期工作。

第三阶段（2020~2025 年），这一时期的重点是发展 CCS 技术，实现动力系统、化工过程与 CCS 技术的合理匹配。能源系统向产品多样化、技术多样化的多元方向发展。同时，针对不同能源系统的特点，开展能源系统集成优化，进行系统技术的耦合，初步形成煤基能源与化工的工业一体化体系，实现能源更高、更合理的利用。电网的安全稳定技术向更高要求发展。

第四阶段（2025 年以后），对已有示范工程的验证和改进，主要是进一步提升单元技术的先进性和可靠性，完善能源系统间的优化配置，提高系统的综合性能。突破各种技术瓶颈，最终形成不同煤炭清洁利用技术高效、零排放的未来工厂。

2.3.2 美国煤炭清洁高效利用技术发展路线图

美国采取的发展路线是，对现有电厂进行清洁煤技术改造，可减少 9/10 的污染，

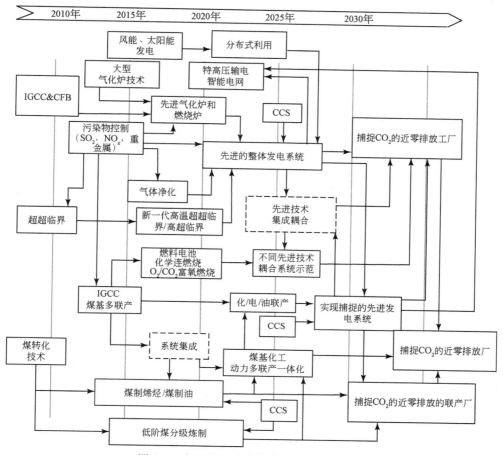

图 2-3　中国煤炭清洁高效利用发展路线图

同时可通过提高效率来控制温室气体的排放；旧电厂逐步退役，在建造新电厂时提高标准要求，推动高效清洁煤炭技术的商业化；加速下一代技术的研究、开发及示范，在 2015 ~ 2025 年建成世界上第一个零排放煤炭发电厂——"未来发电"（future gen）。发展路线图如图 2-4 所示。

首先，通过更新设备和技术改造，使现有电厂变得更加"清洁"，从而减少温室气体的排放。现有的清洁煤技术能降低在役电厂 95% 的二氧化硫排放和 90% 的氮氧化物排放；除汞技术目前正在进行示范；新技术还可提高现有电厂的效率，而效率每提高 1%，就可使生产每度电排放的 CO_2 降低 2%；美国国家煤炭理事会估计，通过提高现有电厂的效率，相当于新增 4000 万 kW 的发电能力。

其次，保证新建电厂采用最先进高效的装备。未来 25 年内，美国将新建发电能力为 15 000 万 kW 的煤电厂，国家能源政策法通过提供税收优惠政策来鼓励这些新建电厂采用最新、最先进的技术进行建设。煤粉超临界发电和 IGCC 等先进技术，本质上将能

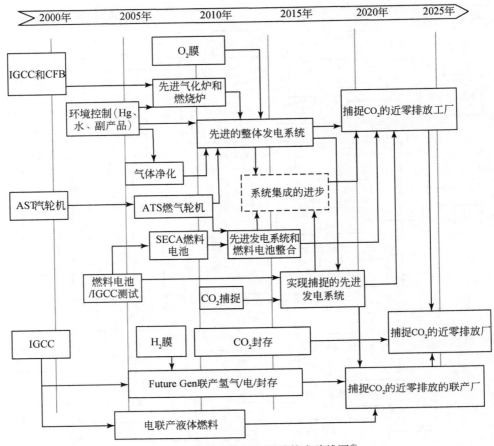

图 2-4　美国未来能源厂的技术路线图[①]

消除有害污染并将效率提高到 60%；到 2020 年以后，所有的基于 IGCC 或者超超临界电厂都将作为零排放电厂。同时，建造并运行世界上第一个零排放煤电厂"未来发电"。将在这个煤电厂内集成利用一系列先进技术，还将验证碳收集及永久封存技术的安全性、经济性和可行性。Future Gen 生产的电力价格将具有市场竞争性，它也将成为以后各类零排放、先进发电厂的建造原型；Future Gen 还将以商业化方式制氢，价格也将具有市场竞争性，这些氢可用于燃料电池汽车，以减少交通领域的 CO_2 排放；Future Gen 还可以从根本上消除二氧化硫、氮氧化物、汞等污染物，最初能收集 90% 的 CO_2，最终将达 100%。

① Department of Energy，The Electric Power Research Institue，The Coal Utilization Research Council. 2002. Clean coal technology road map. http：//www. Netl. Doe. Gov/technologies/coalpower/cctc/technology_ roadmap. html。

第3章

煤炭清洁高效利用技术在工程科技领域的预期收益

3.1 现有煤炭清洁高效利用技术应用效益

3.1.1 超超临界发电技术[①]

目前，世界上最大容量超超临界机组是 1300 MW 的双轴机组，单轴机组最大容量为 1050 MW。大多数机组采用一次再热循环，少数采用二次再热循环。

美国是发展超超临界发电技术最早的国家。世界第 1 台超超临界机组（参数：125MW，31.03MPa，621℃/565℃/538℃）于 1957 年在美国投运。美国有 169 台超临界机组（其中多数为超超临界机组），占燃煤机组的 70% 以上，占总装机容量的 25.22%，其中单机容量介于 500~800MW 者占 60%~70%。美国拥有超超临界机组的两个世界之最，即最大单机容量 1300MW 和最高蒸汽参数（费城电力公司 EDDYSTONE 电厂的 1 号机组，蒸汽参数为 34.5MPa/649℃/566℃/566℃）。美国 GE 公司还为日本设计制造了蒸汽参数分别为 26.6MPa/577℃/600℃ 和 25MPa/600℃/610℃ 的超超临界机组。

截至 2012 年 4 月，中国火电装机容量 7.07 亿 kW，占全部装机容量的 76%[②]，已投运 600℃ 百万千瓦超超临界机组 48 台，是世界上拥有兆千瓦超超临界机组最多的国家[③]。中国兆千瓦超超临界电厂的陆续投产和稳定运行，标志着我国电力设计行业已掌握了世界先进的火力发电设计技术，具备了兆千瓦级超超临界电厂的系统设计技术水平。目前，国内三大动力集团（上海电气、东方电气、哈尔滨电气）均具备了 600MW 等级、1000MW 等级的超超临界机组制造能力。中国超超临界机组按容量通常可以分为 600MW 等级和 1000MW 等级，从初参数上可分为 25.0MPa/600℃/600℃（东方电气、哈尔滨电气）和 26.25 MPa/600℃/600℃（上海电气）两类。自 2006 年以来，1000MW 超超临界火电机组分别在华能玉环电厂、华电国际邹县发电厂、国电泰州电厂、上海外高桥第三发电厂、国电北仑电厂等建成投运。

华能玉环电厂超超临界 4×1000MW 机组配备 HG-2953/27.56-YM1 型锅炉，主蒸汽额定温度为 605℃，额定压力为 27.56MPa，配套的 N1000-26.25/600/600TC4F 型一次中间再热、单轴、四缸四排汽、双背压、凝汽式汽轮机，主蒸汽额定温度为 600℃，主蒸汽压力 26.25MPa，采用 8 级不可调整抽汽。回热系统包括 3 台高压加热器（A/B 双

[①] 本部分参考以下文献：金利勤等，2011；柯文石，2005；王新生，2008；樊险峰和吴少华，2009。

[②] http://www.gov.cn/jrzg/2012-06/30/content_ 2173918.htm

[③] http://news.bjx.com.cn/html/20121029/397516.shtml

列)、1台除氧器、4台低压加热器、1台低压加热器疏水冷却器。

机组选定设计煤种为内蒙古神府东胜煤，校核煤种为山西晋北烟煤。机组承担基本负荷，但能参与调峰，采用定滑运行方式；锅炉在燃用设计煤种时，不投油最低稳燃负荷为35% BMCR（锅炉最大连续蒸发量工况）；锅炉有良好的启动特性和负荷变化适应性，且动态特性能满足机动性的要求。在25%~100%负荷内锅炉以纯直流方式运行，在25%负荷以下则以带循环泵的再循环方式运行，启动系统用以保证启动的安全性、可靠性和经济性。在额定工况下，锅炉效率高达93.88%，1号和2号机组供电煤耗分别经实际运行，结果为283.2g/(kW·h)、283.9g/(kW·h)。整个机组效率高达45.4%，每年少排放CO_2约50万t，SO_2约2800t，NO_x约2000t。

3.1.2 循环流化床锅炉

(1) 国内300MW等级循环流化床锅炉

在引进300MW等级循环流化床锅炉技术的同时，国内各研究单位和锅炉厂相继研发具有自主知识产权的循环流化床锅炉，其中300MW循环流化床锅炉已有生产和订货。

西安热工研究院有限公司设计的300MW循环床锅炉为亚临界参数，整体采用M形布置，单炉膛，截面为8.3m×28.9m，布风板上部空截面速度大于5m/s，无烟煤和贫煤设计床温900℃，采用3个内径8.5m的高温分离器，3台分流式回灰换热器（CHE）。在江西分宜发电厂210MW循环流化床锅炉运行基础上，西安热工研究院和哈尔滨锅炉厂有限责任公司（简称哈锅）合作设计开发了330MW循环流化床锅炉。该锅炉蒸发量为1025t/h，蒸汽参数为18.6MPa/543℃/543℃，采用H形布置，4台内径为7.5m的高温旋风分离器和4台分流式CHE在炉膛两侧对称布置，在CHE内布置有高温再热器、低温过热器。该锅炉工程项目在分宜电厂实施，2009年1月投入运行。

东方锅炉股份有限公司（简称东锅）在引进国外技术的同时，开发了具有自主知识产权的300MW循环流化床锅炉方案。锅炉主要蒸汽参数为17.45MPa/540℃/540℃。该方案采用单炉膛结构M形布置，3只汽冷式旋风分离器和1个尾部竖井，炉膛内布置有屏式受热面，无外置式换热器或INTREX结构。炉膛上部通过2片水冷屏将炉膛分成3个区域，以减少3只汽冷高效旋风分离器的入口烟气偏差。尾部采用双烟道结构，采用挡板控制蒸汽温度。

哈尔滨锅炉厂有限责任公司在引进技术的基础上开发自主知识产权的300MW循环流化床锅炉，锅炉主要蒸汽参数为17.4MPa/540℃/540℃。该方案采用分体炉膛，双水冷布风板，大直径钟罩式风帽。不采用外置式换热器，炉膛内部布置悬吊式过热器、屏式再热器。炉膛两侧4只汽冷旋风分离器采用H形对称布置，尾部烟道采用哈锅煤粉锅炉成熟的典型双烟道设计。通过一次风、二次风的合理匹配控制床温，过热、再热蒸汽温度通过调节烟气挡板和喷水减温方式来控制。

上海锅炉厂有限公司（简称上锅）从2006年开始自主开发300MW锅炉。在此过程中，上锅与中国科学院工程热物理所、上海成套研究所、上海交通大学、上海理工大学等单位合作，进行了锅炉布风均匀性，风帽的漏渣、磨损和布风特性，旋风分离器流场的数值模拟，过热器、再热器调温特性，锅炉的热量分配和优化，冷凝器技术与底渣热量回收措施，二次风的穿透与二次风布风均匀性等一系列课题的研究，设计开发了单炉膛单布风板结构、不带外置式换热器的 300MW 循环流化床锅炉。由其设计的广东云浮电厂 2 台 300MW 循环流化床锅炉于 2010 年建成投产，此锅炉采用单炉膛、钢板式风帽、3 台绝热式旋风分离器、回转式空气预热器，不带外置式换热器布置。

目前，循环流化床锅炉技术在国内得到了迅速发展并被广泛用于燃煤发电，300MW 循环流化床锅炉机组已有很多投运生产，包括引进技术的白马示范电站等 18 台、自主开发的广东荷树园电厂等 27 台（截至 2011 年年底）。表 3-1 给出了已经运行 5 年以上的几个典型机组的部分数据。

表 3-1　运行 5 年以上部分 300MW 机组的运行指标

项目	白马	蒙西电厂		大唐红河		国电开运	
机组编号	31	1	2	1	2	7	8
可用小时数/h	7478.8	8025.6	7529.5	8292	8156.3	7872.7	7603.17
可用率/%	85.5	91.6	86	94.7	93.1	89.9	86.8
非停次数/[次/(台·年)]	1	1	3	0	1	1	0
飞灰含碳量/%	3	2.53	2.63	0.02	0.03	0.6	0.78
底渣含碳量/%	2.35	4.38	5.32	0.2	0.25	0.47	0.48
排烟温度/℃	127.05	163	160.5	149	149	132.7	138.28
厂用电率/%	9.14	11.88	11.38	8.33	8.14	9.23	9.16
供电煤耗/[g/(kW·h)]	351.84	379.8	379.16	340.97	342.91	347.2	346.56
点火耗油量	50.4			61.2	170	173	296.2
脱硫效率/%	96.2	90	90	93.64	94.04	95.8	95.37
SO$_2$ 排放浓度/(mg/Nm^3)	339.72	387	387	233.68	215.71	165	160
NO$_x$ 排放浓度/(mg/Nm^3)	69.31	114	114	67.12	52.7	65	38

注：表中为 2008 年数据。

从表 3-1 中可以计算出，2008 年部分 300MW 循环流化床锅炉机组的非计划停运次数为 1.0 次/(台·年)，尽管还高于同级别煤粉锅炉的 0.89 次/(台·年)，但比起 2007 年的 5.625 次/(台·年) 有了很大的改善，相比于 135MW 的机组，可靠性也有了很大的提高。这是因为经过长时间的摸索与研究，我国对流化床锅炉系统的运行水平、管理水平和技术水平都有了较大的改进。表 3-2 为我国自主开发的几个典型机组的部分数据。

表 3-2　我国自主开发的部分 300MW 机组的运行指标

项目	江苏徐矿	福建龙岩	广东云浮	江西分宜	内蒙古郭家湾
平均负荷率（ECR）	78%	82%	90%	65%	约 72%
非计划停运次数/[次/(台·年)]	0	0	0	3	1
厂用电率	约 5.2%	约 4.3%	约 7%	约 9.5%	约 7.8%
锅炉热效率（平均）	91%	91.2%	93.66%	88.6%	91.3%
SO$_2$ 排放浓度（BMCR）	300mg/Nm^3	185mg/Nm^3	200mg/Nm^3	320mg/Nm^3	180mg/Nm^3
NO$_x$ 排放浓度（BMCR）	35mg/Nm^3	84mg/Nm^3	146mg/Nm^3	184mg/Nm^3	160mg/Nm^3
最低稳燃负荷	150MW	135MW	309.54t/h	60MW	80MW

项目	江苏徐矿	福建龙岩	广东云浮	江西分宜	内蒙古郭家湾
排烟温度（平均）	135~140℃	135~140℃	126~132℃	130~136℃	135~145℃
飞灰含碳量	约4.5%	约4.5%	约3.0%	约6.0%	约2.0%
底渣含碳量	约1.5%	约1.0%	约1.0%	约2.0%	约0.5%
燃料挥发分（V_{daf}）	约12%	约5%	约25%	约18%	约30%
技术支持单位	清华大学	清华大学	清华大学	西安热工研究院	清华大学

从表 3-2 中可以看出，我国自主开发的部分 300MW 机组的运行指标已经接近甚至超过了引进技术，尤其厂用电率和可靠性方面，具有更大的优势。

目前，我国 300MW 循环流化床锅炉机组负荷率的平均值从整体上来说和 300MW 煤粉锅炉大致相当。从表 3-1 可以计算出 300MW 循环流化床锅炉机组的平均供电煤耗为 355.5g/(kW·h)，高于常规 300MW 级 PC 锅炉 338.79g/(kW·h) 的平均值，这主要有两方面的原因：循环流化床锅炉的燃料一般较差，导致锅炉效率偏低；燃料品质较差，灰渣较多，燃料和灰渣的处理设备电耗较高，再加上流化燃烧的风机电耗偏高，导致循环流化床锅炉机组厂用电率远远高于 PC 锅炉，如 2008 年，300MW 级循环流化床机组的厂用电率平均值为 9.6%，而常规 300MW 级 PC 锅炉的厂用电率平均值仅为 5.67%。

但是，当燃料灰分较低时，如表 3-1 中大唐红河电厂 300MW 锅炉燃烧灰分较低的褐煤，机组供电煤耗仅有 340.97g/(kW·h)，接近国产 300MW 煤粉锅炉机组的煤耗水平。因此，提高循环流化床锅炉机组经济性的方向之一是降低机组的厂用电率，采用流态重构可以在一定程度上降低风机电耗，如表 3-2 中江苏徐矿电厂的厂用电率只有 5.2%，福建龙岩电厂的厂用电率只有 4.3%，这给流化床机组经济性的提高指明了方向。

从表 3-2 可以看出，虽然有个别机组的飞灰含碳量还比较高，但总体来说还是比较低的，与 150MW 级的相比，改善很大，这是因为机组越大，其炉膛越高，燃煤颗粒在其中的停留时间将会越长，越容易燃尽。因此，可以预见，600MW 循环流化床锅炉机组的飞灰含碳量将会更低，因而锅炉效率会更高。同时，300MW 机组的 SO_2 和 NO_x 排放浓度均远远低于 PC 锅炉，机组的炉内脱硫效率都在 90% 以上，排放浓度仅在 300~400mg/Nm³。

在 NO_x 方面，机组的优势更是明显，循环流化床锅炉的低温燃烧等有利因素使其排放量远远小于常规煤粉锅炉，相比于煤粉炉，采用 SCR 方法脱硝节省了成本，也避免了 SCR 方法脱硝带来的二次污染，保护了环境。

表 3-3 给出了 2008 年 300MW 级循环流化床机组与 PC 机组的综合比较情况，单从指标上对比，循环流化床锅炉机组在厂用电率及供电煤耗上并不占优势。然而，循环流化床机组所用的燃煤热值平均约为 12 540kJ/kg，而 PC 锅炉机组所用燃煤热值却高达 20 900kJ/kg，所以这不可等同而语。另外，循环流化床锅炉机组可以燃用劣质燃料，这是 PC 炉不容易做到的，因此，尽管其运行性能比 PC 炉要差一点，但是整体上却减少了污染物的排放。

此外，从表 3-3 还可以看出，循环流化床锅炉由于采用低温燃烧分级送风，其 NO_x

排放浓度的平均值不足 $100mg/Nm^3$ ，远远低于 PC 锅炉 $500 \sim 1200mg/Nm^3$ 的排放浓度，与增加了 SCR 脱硝装置后的 PC 锅炉机组排放浓度相当。结合其 SO_2 排放很少的特点，循环流化床锅炉的运行成本比 PC 炉就会减少很多。

表 3-3　同容量的循环流化床炉与 PC 炉的比较（300MW）

项目	单位	循环流化床锅炉	PC 炉
锅炉本体投资	万元/台	23 200	17 800+6 500（脱硫脱硝）
平均负荷率	%	73.80	78.23
非计划停炉次数	次/（台·年）	1.00	0.89
燃料热值	kJ/kg	约 12 540	约 20 900
厂用电率	%	9.44	5.67
供电煤耗	g/（kW·h）	353.86	338.79
SO_2 排放	mg/Nm^3	299.43	185.58 ~ 1000
NO_x 排放	mg/Nm^3	93.29	500 ~ 1200

综上所述，循环流化床锅炉与 PC 锅炉相比，由于燃料本身的差异，尽管目前在节能方面不占优势，但是从综合经济性、污染物排放等方面来考虑，二者相当。

（2）国内 600MW 等级循环流化床锅炉

由于超临界参数锅炉具有发电效率高的特点，国内各科研单位相继开展 600MW 等级超临界循环流化床锅炉的方案和概念设计。在科技部的支持下，清华大学、东方锅炉股份有限公司、哈尔滨锅炉厂有限责任公司、上海锅炉厂有限公司、浙江大学等开展了 600MW 超临界循环流化床锅炉的研究工作，并在四川白马进行超临界 600MW 循环流化床锅炉发电的工程示范，其主要蒸汽参数为 25.4MPa/571℃/569℃。该项目是我国也是目前世界上的最大的超临界循环流化床锅炉。目前该项目进展顺利，预计 2013 年并网运行。

3.1.3　美国 Tampa IGCC 与 Wabash River IGCC

（1）Tampa IGCC

美国 Tampa IGCC[①] 电厂位于佛罗里达州的坦帕，是美国能源部支持的洁净煤发电计划的第三轮示范项目。厂址原是一个废弃的磷矿区，现厂址占地面积 4348 英亩（ $17.6km^2$ ），其中约 1/3 的面积经改造后作为电厂用地，其余 2/3 经改造后回归自然，作为植物生长栖息地。电厂 1989 年开始筹建，1994 年动工，1996 年 10 月投入商业运行，根据与美国能源部的合同，有 5 年的示范期。

全厂的年净发电量为 250MW，采用 Texaco 的全热回收气化工艺，10% 的金属氧化物催化吸收的高温脱硫系统和 100% 的低温常规 MDEA 脱硫系统，配 GE 公司氮气回注的 7F 型燃气轮机。电厂的补充水取自地下水，所有的工艺水都被循环使用。工艺流程

---

① 中国电力工程顾问集团公司 . 2008. 国外典型的 IGCC 电厂介绍 . http：//www.cpecc.net。

图如图 3-1 所示。

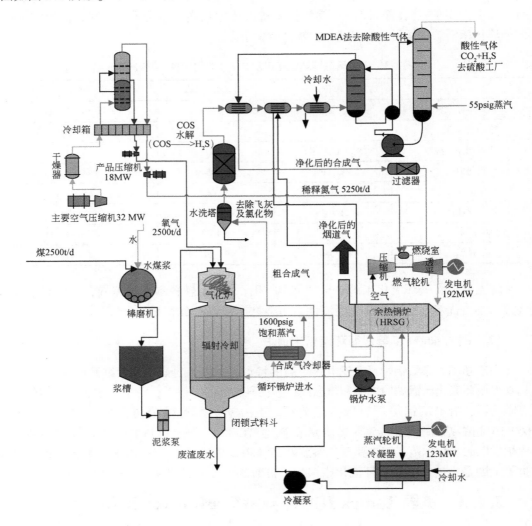

图 3-1   Tampa IGCC 电厂工艺系统图

（2） Wabash River IGCC

Wabash River[①] 电站位于美国印第安纳州的 Terre Haute，是美国能源部支持的洁净煤发电计划第四轮选定的项目。该项目属于老厂增容改造，新建部分包括气化、空分和燃机及余热锅炉，与老厂蒸汽轮机组成 IGCC 装置，PSI 能源公司负责动力岛的建设和运营，E-Gas 负责气化部分的建设和运营。气化部分与原蒸汽轮机厂房脱开约 50m，占地约 15 英亩。该厂 1991 年开始筹建，1995 年 11 月转入商业运行，从 1995 年 12 月开始 3 年的示范期。改造工程采用 E-Gas 气化工艺、GE 公司的 MS7001FA 燃机、余热炉和改造后

---

①   中国电力工程顾问集团公司 . 2008. 国外典型的 IGCC 电厂介绍 . http：//www. cpecc. net。

的汽机。该厂为 PSI 所属的真正满足 1990 年 CAAA 要求的电厂，SO$_2$ 排放低于 90.3mg/MJ。排放指标低于 CAAA 规定的 2000 年第二时段的要求，改建后的效率较改造之前高 20%。电站工艺流程见图 3-2。Tampa IGCC 电站和 Wabash River IGCC 电站的主要技术指标见表 3-4。

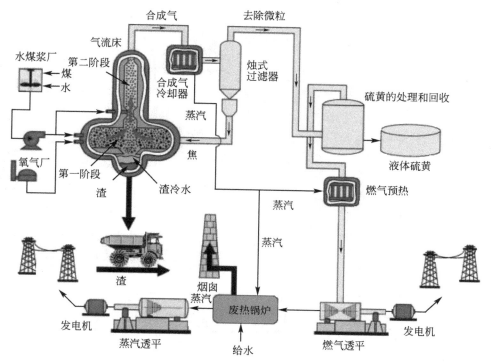

图 3-2　Wabash River IGCC 工艺流程图

表 3-4　Tampa IGCC 和 Wabash River IGCC 主要技术性能指标

项目	单位	Tampa	Wabash River
燃机输出功率	MW	192	192
汽机输出功率	MW	121	105
总功率	MW	313	297
厂用电	MW	63	35
净功率	MW	250	262
全厂净效率（LHV）	%	40	37.8
全厂热耗（HHV）	kJ/(kW·h)	9074	9527
脱硫效率	%	96	>98
SO$_2$ 排放量	mg/MJ	90.3	86.0
NO$_x$ 排放量	mg/MJ	116.1	34.4
粉尘排放量	mg/Nm^3	—	—
总投资	亿美元	5.06	4.17
单位造价（毛）	美元/kW	1617	1450
单位造价（净）	美元/kW	2024	1585

3.1.4 兖矿集团煤气化发电与甲醇联产系统

兖矿集团与国内多家科研机构及高校经过长期合作，在 2006 年建成了煤气化发电与甲醇联产系统示范工程项目，由新型气化炉及配套和乙酸项目组成，其中新型气化炉项目是国家"863"科技攻关项目，乙酸项目是国内第一个采用具有自主知识产权的低压羰基合成技术建设的项目。该工业示范装置建于山东省滕州市兖矿国泰化工有限公司，目前已经实现了系统长周期地稳定运行。日处理 1000t 精煤，多喷嘴对置式新型水煤浆气化炉配套 24 万 t 甲醇、76MW 燃气发电工程项目，是我国第一个煤气化多联产系统示范工程，如图 3-3 所示。该工程的工艺装置包括空分、新型气化炉煤气化、甲醇原料气净化、甲醇压缩及合成、甲醇精馏、甲醇罐区、发电燃料气脱硫、硫回收、燃气发电等。该多联产系统实现了燃气轮机发电与甲醇生产两个运行特性差异很大的单元间的匹配和能流物流的集成，实现了化工与动力、能量梯级利用与物质高效转化的有机结合。

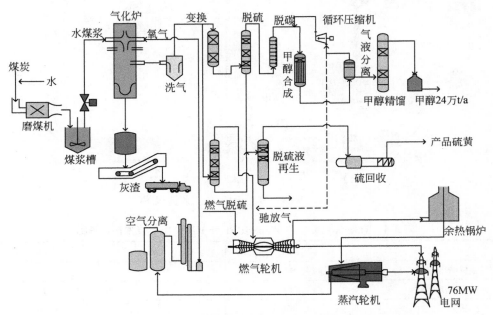

图 3-3　煤气化发电与甲醇联产系统工业示范装置工艺流程示意图

资料来源：张彦和孙永奎，2007

如图 3-3 所示，由 6 万 m³/h 空分系统产生的氧气经压缩机压缩后送入气化炉。水煤浆经煤浆泵送入多喷嘴对置式气化炉，产生的粗煤气经热回收产生高压饱和蒸汽后被分为两路，其中一路作为燃气-蒸汽联合循环发电的燃料，冷却后的煤气进入净化单元脱除绝大部分硫化物及灰尘等有害杂质，然后进入膨胀机做功，最后进入燃气轮机燃烧室燃烧。燃烧产生的高温高压燃气推动燃气轮机做功后，进入余热锅炉产生蒸汽，蒸汽驱动蒸汽轮机做功发电。另一路合成气先经耐硫变换后，进入 NHD 脱硫及脱碳装置进行脱硫、脱碳，然后经蒸汽透平压缩后送入甲醇合成装置合成甲醇。甲醇合成装置的尾气作为燃料送入燃气轮机。产生的甲醇送入甲醇精馏装置获得精甲醇。NHD 脱硫及脱碳装置产生的含硫废液、部分甲醇尾气及来自原化工生产线的酸性废气被送到硫黄回收装置产生硫黄。另外，系统中设有一台燃煤循环流化床锅炉，用以产生蒸汽，蒸汽用于空分制氧装置、蒸汽透平压缩机及蒸汽轮机发电。

该示范工程 2006 年生产甲醇 23.4 万 t，乙酸 17.2 万 t，上网发电 1.84 亿度，实现销售收入 13.07 亿元，实现利润总额 1.4 亿元。2007 年生产甲醇 30 万 t，乙酸 21.6 万 t，上网发电 3 亿度，实现销售收入 20.5 亿元，实现利润总额 3.18 亿元。2008 年因甲醇价格大起大落，经济效益不具代表性（倪维斗和陈贞，2010）。该示范工程财务回收期为 8~10 年，包括建设期在内的贷款偿还期为 9~20 年（骆仲泱等，2004）。目前，该示范工程受到国内煤价过高、上网电价偏低等因素的影响，发电成本过高，发电基本处于亏损状态，系统整体收益偏低。为了弥补经济收益上的不足，2011 年该示范工程扩大了甲醇和乙酸的生产规模，部分尾气和燃料气都用于化学品合成，这导致没有足够的气源可供于发电子系统装置，因此燃气–蒸汽联合循环发电部分停止示范运行，仅保留了甲醇和乙酸生产部分。

兖矿多联产系统的成功示范运行经验表明，多联产系统在推广的进程中已不是技术问题而仅是成本和效益的权衡。如何有机调节不同产品间的合理比例和产量，以规避由原料与产品市场需求和价格波动所带来的不利经济效益影响，是多联产技术推广进程中亟须解决的问题。另外，政府及相关部门应该对多联产技术所带来的诸如节能节水，减少 CO_2、SO_2、NO_x 和重金属排放等优越性给予一定的政策支持、优惠和补贴，从而降低其相关技术成本。目前，国内和国外在该方面的进展才刚刚起步。而且，投资建设费用高，运行维护费用高是导致多联产和 IGCC 技术在世界范围内发展缓慢的最主要原因。开发具有自主知识产权的多联产低成本技术，从根本上降低系统投资和生产成本是发展多联产相关技术的关键。因此，多联产系统的推广，除了技术之外，经济效益问题也是保证其稳定发展的重要前提，只有从技术和成本两个方面下工夫，才能成为现实生产力。

3.1.5　神华集团煤直接液化制油[①]

神华煤直接液化示范工程是我国实施能源安全战略的一项重大工程，建成的世界首套煤直接液化技术工业规模装置具有完全自主知识产权。示范工程于 2004 年 8 月开工建设，2008 年 5 月建成，当年 12 月 30 日，第一次投料试车并取得成功，连续稳定运行 13 天，连续投煤 303h。截至 2010 年 10 月，示范工程累计投煤运转 6 次，累计投煤时间达到 6638h，单次连续投煤最长时间为 2071h；煤直接液化装置的负荷率达到了设计的 95%；煤的转化率接近 91%。神华煤直接液化示范工程先期工程中需要原煤（含水 17%，灰分 5.32%）3.25Mt/a、锅炉用煤 0.46Mt/a、"863" 催化剂 0.10Mt/a、外购硫黄 1160t/a、硫化剂（CS_2）1140t/a 以及液氨 400t/a。全厂产品共计 1.08Mt/a，其中液化石油气 0.10Mt/a、石脑油 0.25Mt/a、柴油 0.72Mt/a、酚 3600t/a。

神华煤直接液化项目全部流程包括自备热电厂、备煤、催化剂制备、煤直接液化、加氢稳定（溶剂加氢）、加氢改质、轻烃回收、含硫污水汽提、脱硫、硫黄回收、酚回收、油渣成型、两套煤制氢和两套空分等装置。全厂总流程如图 3-4 所示。

---

① 本部分参考以下文献：张玉卓，2011a，b，2006；吴春来和舒歌平，1996；张糧明和舒歌平，2010；舒歌平，2009。

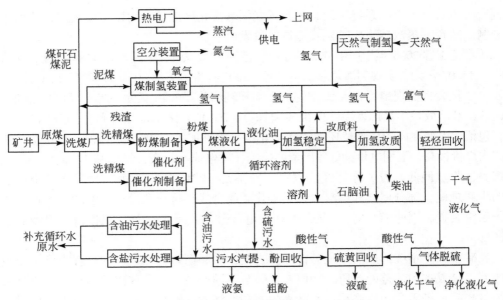

图 3-4　神华百万吨级煤直接液化工厂示意图

经洗选后的精煤从厂外经带式输送机输送进入备煤装置加工成煤液化装置所需的干煤粉，部分精煤在催化剂制备单元经与催化剂混合，制备成含有催化剂的干煤粉，也被送至煤液化装置，煤粉、催化剂及供氢溶剂，在高温、高压、临氢的条件和催化剂的作用下发生加氢反应生成煤液化油，并送至加氢稳定装置，未反应的煤、煤中无机物和部分重质油组成的液化残渣经成型后作为供自备电厂的燃料。煤液化油在加氢稳定（溶剂加氢）装置中的主要目的是生产满足煤直接液化要求的供氢溶剂，同时脱除部分硫、氮、氧等杂质从而达到预精制的目的。石脑油、柴油馏分送至加氢改质装置，进一步提高油品质量，溶剂返回煤液化和备煤装置循环作为供氢溶剂使用。各加氢装置产生的富含硫气均经轻烃回收装置，回收气体中的液化气、轻烃，干气经脱硫装置处理后回收氢气。同时，加氢稳定产物分馏切割出的石脑油至轻烃回收装置做吸收剂，解吸石脑油进一步到加氢改质装置处理。各装置产生的酸性水均需在含硫污水汽提装置中处理，之后回收硫化氢。净化水去生化处理、复用。对煤直接液化装置产生的含酚酸性水设置单独处理，经脱除硫化氢和氨后，送至酚回收装置回收其中的粗酚，污水经生化处理后回用。煤液化、煤制氢、轻烃回收及脱硫和含硫污水汽提等装置脱出的硫化氢经硫黄回收装置制取硫黄，供煤直接液化装置使用，不足的硫黄部分外购。各加氢装置所需的氢气，由煤制氢装置生产并提供。

神华煤直接液化项目的核心装置为煤液化催化剂制备和煤液化装置，均采用具有自主知识产权的中国工艺并都是第一次工业化生产。

神华煤直接液化示范工程的核心设备——两台世界最大的加氢反应器，在运转过程中操作平稳，轴向径向温度分布均匀，完全达到了设计要求。投煤运转期间的反应器内部轴向温度、径向温度分布数据表明：当反应器直径为 4.8m 时，通过分配盘进入反应器的物料没有发生偏流现象。反应器内部的轴向温度、反应温度和径向反应温度非常均匀，使煤加氢液化反应过程处于最佳状态，有利于加氢反应进行。

这次示范成功使神华煤直接液化项目成为全世界第一个经历从试验室小试（BSU）、工艺验证装置（PDU），直至百万吨级工业规模示范装置验证的成熟的煤直接液化工艺，中国也随之成为世界上唯一完全掌握百万吨级煤直接液化技术的国家。

根据示范项目的实际运行情况，对示范项目（先期项目为 1 条线，一期项目为 3 条线）进行了经济测算。项目产品的价格采用中国石化集团公司经济技术研究院曾推出的"效益测算价格（2010 版）"（布伦特原油 80 美元/桶价格体系），同时也采用中国石化集团公司经济技术研究院曾推出的"效益测算价格（2006 版）"（布伦特原油 50 美元/桶价格体系）。项目原料的价格以企业在不同原油价格基准下的实际水平为基础计取。从先期项目来看，按 105 t/a 液体产品量计算，项目产品总成本为 3058 元/t，折合每桶原油为 47.85 美元。从一期项目整体来看，按 315 万 t/a 液体产品量计算，项目产品总成本为 3040 元/t，折合每桶原油为 47.56 美元。采用布伦特原油 80 美元/桶价格体系的评价结果表明，先期项目投资所得税后内部收益率为 12.49%，一期项目投资所得税后内部收益率为 14.58%，后期增量项目投资所得税后内部收益率为 16.49%，均好于行业基准值 10%，而后期增量资本金内部收益率在财务杠杆的作用下，可达到 19.21%。采用布伦特原油 50 美元/桶价格体系的评价结果表明，先期项目投资所得税后内部收益率为 10.75%，一期项目投资所得税后内部收益率为 12.34%，后期增量项目投资所得税后内部收益率为 13.75%，均好于行业基准值 10%，而后期增量资本金内部收益率在财务杠杆的作用下，可达到 15.76%。

3.1.6　煤间接液化制油

（1）兖矿集团煤制油（费托合成）开发过程

2002 年下半年开始，兖矿集团也加入了中国合成油工艺开发的行列，在上海组建上海兖矿能源科技研发有限公司，开展煤间接液化制油技术的研究与开发工作；2003 年 6 月开发了煤间接制油铁基催化剂，中试厂设在兖矿集团的鲁南化肥厂，5000t/a 工业试验装置连续运行 4607h，总共运行 6700h；2005 年 1 月 29 日，兖矿低温浆态床技术通过科技成果鉴定，之后的高温合成装置也通过鉴定，成为国内掌握高低温费托合成技术的先行者（唐宏青，2010）。

（2）中国科学院煤制油（费托合成）的产业化推进过程[①]

采用中国科学院开发的费托合成油技术，伊泰、潞安、神华三个煤基合成油项目是国家"863"高新技术项目和中国科学院知识创新工程重大项目的延续。这三个装置的规模都在 16 万 ~ 18 万 t/a，产品为柴油、石脑油和 LPG。

2009 年 3 月 20 日 ~4 月 8 日，伊泰项目首次开车。同年 3 月 27 日产出第一桶合格成品油，打通工业化示范全部流程。之后，2009 年 4 月 8 日停车，检修技改。2009 年 9 月 17 日二次开车成功：二次开车负荷 75% 左右，连续运行 4080h（170 天）。2010 年 3 月 5

---

① 本部分参考以下文献：唐宏青，2010；李虹，2011；张殿奎，2009；丰洋，2005。

日，第二次停车，技改检修。2010 年 5 月 3 日第 3 次开车，2010 年 6 月 30 日实现满负荷生产。

2010 年全年生产各类油品 96 769 t，完成计划 84 000 t 的 115%。72h 现场性能考核获得的主要技术指标：合成气产率 1856m³（CO+H₂）/tce，冷煤气效率 73.9%；每吨催化剂可产出油品 1500~1800 t；总煤耗 3.48 tce/t 油品，水耗 13.45 t/t 油品，电耗 794.67kW·h/t 油品，综合能耗 109.86 GJ/t 油品；全系统能量转化率约 40.53%，在 2011 年 7~12 月实现净利润 2747 元。该项目由伊泰伊犁能源有限公司为项目主体，总投资 645 亿元，规划产能 540 万 t/a。

3.2 规模化煤炭清洁高效利用技术应用预期收益

3.2.1 超超临界/高超超临界发电技术

目前，美国已完成 732℃/760℃/35MPa/7.5MPa 的 750MW 机组的可行性分析，效率为 46%（HHV），两次再热机组为 48%（HHV），如果按照欧洲的 LHV 计算为 52% 左右。但该项目的研究内容仅局限于锅炉材料研究，因此，没有汽机行业的机构和企业参与。美国 700℃ 超超临界发电技术和设备的研发时间表定为：2015 年完成各项研究项目，2017 年建设示范电厂。

美国正在组织和支持一项发展更高参数的超超临界发电机组的研究项目："760℃ 计划"（周一工等，2011），目标是将超超临界机组的主蒸汽温度提高到 760℃ 水平，压力为 38.5MPa，这将大大提高超超临界机组效率，热效率高于 55%，CO₂ 和其他污染物排放比亚临界机组少 30%。

2010 年 7 月，中国启动了 700℃ 超超临界燃煤发电技术创新联盟，该联盟的宗旨是有效整合各方资源，攻克技术难题，提高中国的超超临界机组的技术水平，实现超超临界燃煤发电技术的自主化。与 600℃ 超超临界发电技术相比，700℃ 超超临界燃煤发电技术的供电效率可提高到 48%~50%，煤耗可再降低 40~50g，CO₂ 排放将减少 14%[①]。

3.2.2 建设中的华能 IGCC "绿色煤电"

华能绿色煤电天津 IGCC 示范电站工程是"绿色煤电"计划第一阶段的依托项目，也是国家"十一五"国家高技术研究发展计划（863 计划）重大项目。工程于 2009 年 5 月正式核准，位于天津滨海新区的临港工业区，建设我国第一台 25 万 kW 等级整体煤气化燃气-蒸汽联合循环（IGCC）发电机组，采用华能自主研发的具有自主知识产权的 2000t/d 级两段式干煤粉气化炉，首台机组计划于 2011 年建成。华能"绿色煤电"天津 IGCC 电站工艺流程图见图 3-5。

目前，我国尚无煤气化联合循环发电示范电厂，而煤气化联合循环发电是发展"绿色煤电"计划的基础和前提。该计划的主要预期目标和详细的时间表：一是能源转换效

---

① 国际电力网. 2010. 我国启动国家 700℃ 超超临界燃煤发电技术创新联盟. http：//www. In-en. Com/power/html/power-1657165756710337. html。

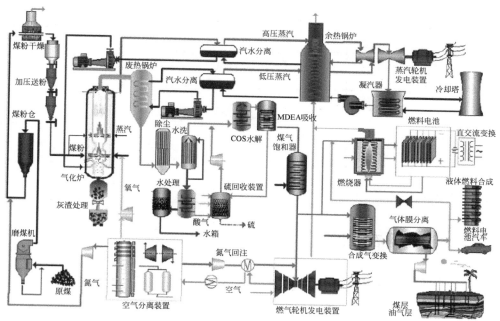

图 3-5　华能绿色煤电 IGCC 工艺流程

率明显提高，2010 年华能平均供电煤耗将降至 324.5g/（kW·h），比 2005 年降低 21g/（kW·h）；到 2015 年降至 317g/（kW·h）；2020 年降至 314g/（kW·h），努力达到世界煤电机组先进能效水平。二是清洁能源比重显著增加，2010 年华能清洁能源发电装机比重将超过 15%，比 2005 年提高约 10 个百分点；到 2020 年力争超过 35%，比 2005 年提高约 30 个百分点，达到或超过全国电力行业清洁能源比重的平均水平。三是单位污染物排放水平持续降低，华能单位煤电发电量二氧化硫、氮氧化物和烟尘的排放量，2010 年将分别比 2005 年降低 66%、16% 和 56%。四是温室气体排放强度逐步降低，华能单位发电量 CO_2 排放量到 2020 年降至 526g/（kW·h），比 2005 年下降 30% 左右。按照计划，天津 IGCC 示范项目建成后，将成为我国最环保的燃煤示范电厂，发电效率达 48%，脱硫效率达 99% 以上，可回收高纯度的硫，并将氮氧化物的排放控制在较低的水平，使污染物排放指标达到燃气轮机发电机组的水平（朱声宝，2010）（表 3-5、表 3-6）。

表 3-5　天津 IGCC 示范工程环保指标

项目	指标	项目	指标
灰渣综合利用量/（万 t/a）	8.5	灰渣利用率/%	100
硫黄产量/（t/a）	23.7	硫黄利用率/%	100
烟尘排放浓度/（mg/Nm³）	≤1.0	除尘效率/%	≥99.99
SO_2 排放浓度/（mg/Nm³）	≤1.4	脱硫设备效率/%	≥99
NO_x 排放浓度/（mg/Nm³）	≤52	—	—

表 3-6　天津 IGCC 示范工程主要技术指标

项目	单位	数值
全厂功率	MW	267
发电效率	%	48
供电效率	%	41
发电标准煤耗	g/(kW·h)	254
供电标准煤耗	g/(kW·h)	299
气化炉热效率	%	95
冷煤气效率	%	84
碳转化率	%	99.2

3.2.3　美国在建的典型 CCS/CCUS 项目

(1) Good Spring IGCC

Future Fuel's Good Spring IGCC 项目隶属于 Ember Clear 公司，电站坐落于宾夕法尼亚州东北部，距离费城大约 100km，距哈里斯堡（该州首府）50km。与 Ember Clear 公司的 5500 万 t 级的无烟煤矿紧邻，是地处美国北方最大的电力市场，生产的电力将并入宾夕法尼亚州—新泽西州—马里兰州（PJW）电网，因此，该电站无需原料输送和电力输送方面的花费，节省下来的费用可用于 CO_2 的捕捉与储存，同时这对投资者也是有益的事情。Good Spring IGCC 电站将成为美国第一座商业示范并且具有 CO_2 捕捉功能的能源项目，该项目将有助于推动宾夕法尼亚州应对气候变化，以及发展独立能源利用模式。该项目获得了美国能源部 ARRA（American recovery and reinvestment act）项目资金支持，项目完成后，发电规模将达到 270MW，同时产生 CO_2 100 万 t/a。出资方打算在运行初期阶段捕捉 50% 的 CO_2，目标是在 2020 年捕捉 100% 的 CO_2（郑建涛等，2010）。

(2) Hydrogen Energy California

Hydrogen Energy California（HECA）项目主要是对已有技术进行商业化集成，把煤炭和石油焦转化为氢能用于发电，生产化肥并进行碳捕集，以提高加利福尼亚州的原油综合利用率。该项目毗邻 CO_2 注入区域，附近有丰富的水源、电力输送系统和天然气供应管网。该项目建成后将实现煤基多联产和 300MW 的可调式联合循环发电，并能捕集 90% 的 CO_2（约 300 万 t/a），CO_2 通过管线输送用于驱油。

目前，该项目在加利福尼亚州的贝克斯菲尔德已经获批 1100 英亩的土地，并获得美国能源部 4.08 亿美元资助。日本的 MHI、三菱和 JBIC 等公司也参与了项目投资。2011 年 9 月该项目完成了最终的可行性研究。水供应协议与 CO_2 销售和驱油协议已经签署完毕。目前正在就化肥和电力的长期销售协议进行商谈。该项目计划于 2013 年春季开始建设，于 2017 年投入商用。

(3) Future Gen 2.0

Future Gen 2.0 是美国能源部于 2010 年 9 月 29 日批准的一项 200MW（商业运营的

出力能力为 202MW，实际运行 166MW，改造后的能力为 168.4MW）燃煤碳捕捉和地质存储计划，如图 3-6 所示。该计划采用富氧技术，以研究和验证 CO_2 是否可以实现高捕集率（大于 90%）；获得老电厂进行富氧燃烧改造的成本数据；找到新建电厂的低成本最佳路径；为保证未来商用，提供运行与排放的数据；为未来商用富氧燃烧电厂提供运行经验。该项目将对 Ameren 能源资源有限责任公司（AER）所拥有的梅勒多西亚厂进行改造，该厂有三个燃煤单元，并有建造于 1975 年 200MW 的燃油锅炉（16.55MPa/537.8℃/537.8℃），每天可储存 3500t CO_2。Future Gen 2.0 包括升级梅勒多西亚能源中心的 4 号机组，并装置富氧燃烧捕集技术来捕集该厂将近 90%（项目设计值为 98%）的碳排放。通过管道运输技术，CO_2 将被运输至邻近的 30km 外封存点，被永久封存在地底，每年将捕集 100 万 t CO_2（设计值为 108 万 t）。通过 CO_2 的捕集、输送和埋存，从而验证选点、实施与管理的实施方法，确认 CO_2 存储的成本，确定先进的 CO_2 注入的监测、验证和计算量，验证与电厂的一体化运营问题，完成后 50 年的运营监测目标。目前该项目已完成合作协议和项目定位，以及前期的工程设计，正处于前期的工程设计、封存的选址阶段。2012 年 7 月 17 日 Future Gen 联盟宣布确认伊利诺州摩根县是理想的 CO_2 封存点，并开始钻井工作，总投资 13 亿美元，美国能源部将资助项目总投资的 81%。预计在 2016 年年初准备好测试工作，2017 年将完成 168MW 的工业化示范。

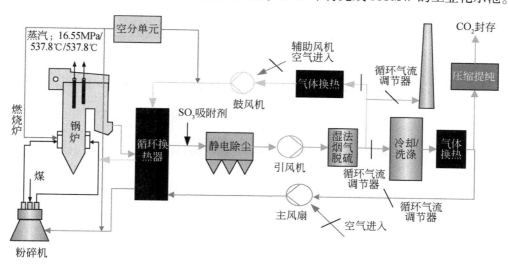

图 3-6　Future Gen 2.0 富氧燃烧 CO_2 捕集电厂

3.2.4　煤间接液化制油项目

（1）伊泰伊犁能源有限公司集团煤间接制油[①]

2011 年 6 月，由伊能集团承建的伊泰伊犁能源有限公司 540 万 t/a 煤制油 110kV 输电线路工程正式破土动工。110kV 输电线路工程是该项目的重要组成部分，该工程计划

---

① 本部分参考以下文献：王光彬，2009；李虹，2011；张殿奎，2008；丰洋，2005。

投资约 1040 余万元。

伊犁 540 万 t/a 煤制油项目工程分三期建设，2016 年建成投产，计划投资 645 亿元。

（2）兖矿集团百万吨级煤制油及多联产项目[①]

兖矿榆林煤液化项目规划产品规模为 1000 万 t/a，规划分两期实施。第一期，采用低温费托合成技术建设 100 万 t/a 间接液化煤制油工业示范装置之后，分别采用低温和高温费托合成技术建设 200 万 t 间接液化煤制油装置，年产油品达 500 万 t；第二期，将煤制油能力再扩大一倍，使总产油能力达到 1000 万 t，同时建设石脑油、烯烃和含氧化合物的下游加工利用工程，形成既有低温又有高温的大型煤制油及下游煤化工的联合生产装置。研究表明：百万吨油品的工业装置的煤炭需要量为 405 万 t/a、水耗 1952m^3/h，产品方案为柴油 77.2%、石脑油 19.6%、液化石油气 2.3%、特种蜡 0.9%。以吨煤价格为 150 元计，初步估算项目报批总投资 101 亿元，投资利润率 12.67%，投资利税率 19.20%，财务内部收益率（税前）15.86%，财务内部收益率（税后）12.68%；吨油完全成本 1986 元，可与 25~28 美元/桶的石油加工过程相竞争。兖矿集团多联产系统流程方案见图 3-7。

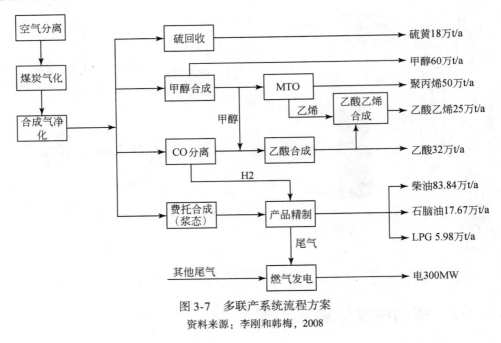

图 3-7　多联产系统流程方案

资料来源：李刚和韩梅，2008

（3）榆林煤制油的产业化推进

全球最大的低温煤焦油轻质化项目——总投资 17 亿元的陕西煤业化工集团榆林锦

---

① 本部分参考以下文献：张殿奎，2008；韩梅，2007；联加怀，2006。

界天元化工有限公司 50 万 t/a 低温煤焦油催化加氢制取高品质燃料油项目于 2010 年 3 月 9 日正式投料试车。该项目采用天元公司具有完全自主知识产权的低温煤焦油两次加氢、尾油裂化技术，通过煤炭分级利用、焦炉煤气资源化利用和煤焦油深加工，延长了煤化工产品产业链，改变了传统焦化企业只焦不化、能耗高、污染重、能源资源利用率低的现状，大大减少了"三废"的排放。据介绍，50 万 t/a 低温煤焦油轻质化项目由 135 万 t/a 低温焦化、焦炉煤气冷却净化与储存、氢气抽提与压缩、延迟焦化、煤焦油加氢及油品分馏等单元构成，项目依托榆林市成熟的煤炭干馏技术，采用立炉干馏工艺生产兰炭、煤焦油和焦炉煤气，再对焦炉煤气处理制取高纯氢气，然后采用两段加氢、尾油裂化专利技术工艺，对煤焦油催化加氢裂解，最终生产分馏出 20 号和 30 号柴油、石脑油、液化气等高附加值产品。

项目设计年加工煤焦油 50 万 t，达产后每年可生产高品质燃料油 40 万 t、液化气 0.8 万 t、石油焦 8 万 t、液氨 0.6 万 t、硫黄 0.2 万 t，实现销售收入近 30 亿元。与同等规模的煤直接制油和间接制油相比，项目投资额仅为 1/6 ~ 1/5，耗水量 1/5 ~ 1/4，能耗可下降 23% ~ 27%，50 万 t/a 规模装置年可减排 CO_2 43 万 t（佚名，2010）。

3.2.5　煤基多联产技术发展预测

煤基多联产技术是 IGCC 的延续和发展。多联产的实质就是在 IGCC 的基础上实现多种不同类型产品生产过程的优化耦合。优化耦合后的系统可以把化工产品生产和煤气化发电有机整合在一起，从而简化流程，提高系统效率。联产的化学品如甲醇、二甲醚、F-T 油等替代燃料更能一定程度上填补我国石油的缺口，有助于缓解能源供需矛盾和液体燃料短缺问题。尤为关键的是，电力与高附加值化工产品的联产，能有效地降低各产品的成本，而且还可以灵活地调节多个产品之间的"峰—谷"差，使整体系统的经济效益维持在高水平。除此之外，多联产能将污染物和温室气体排放降到最低，满足未来社会对环保和温室气体减排更严格的要求。煤气化系统的合成气净化环节可以高效地脱除各种污染物，而且在整个煤气化工艺过程中可以以较小的增加成本捕捉高浓度、高压的 CO_2，满足减排 CO_2 的需要。随着环保要求的日益严格，对汞、可吸入颗粒物的排放及温室气体的减排备受关注，基于煤气化的煤炭清洁高效利用技术的优势也越来越明显。多联产是其中一种得到广泛共识的选择。

合成气是一碳化工之源，是合成碳氢化合物的物质基础，甲醇则是一碳化工之"母"，是合成气转化率唯一可以达到 100% 的碳氢化合物。无论是石油化工、煤化工还是天然气化工，均可经过合成甲醇向下游发展，甲醇体系的能源化工应运而生，而且其发展有可能将改变化学工业的方向。结合甲醇的战略地位、我国能源需求结构、能源分布利用特点，以及未来 CO_2 减排需要，本章节以煤基甲醇 – 电 – CCS 多联产系统（polygeneration system for power/methanol production with CCS，PL-CCS）和焦炉煤气/气化煤气 – 双气头甲醇 – 电多联产系统（dual- polygeneration system for power and methanol production，D-PL）作为典型研究案例进行分析。其工艺流程图见图 3-8 和图 3-9。

（1）热力学性能

图 3-10 给出了系统电力分布。可以看到，PL-CCS 系统具有最大总电力输出，为

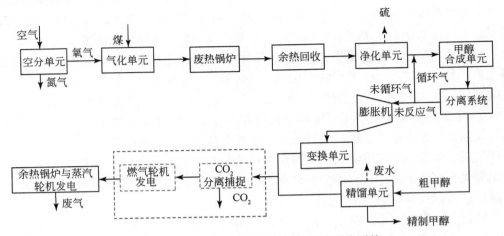

图 3-8 带有 CO_2 捕捉功能的甲醇-电多联产系统

资料来源：Jin et al.，2010

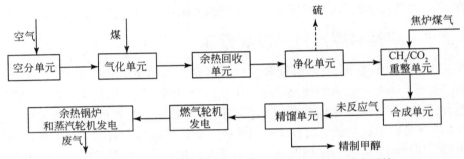

图 3-9 基于焦炉煤气/气化煤气-双气头甲醇-电多联产系统

594MW，但是系统电力消耗却最大，为 293MW；IGCC 总电力输出最小，为 348MW。IGCC、IGCC-CCS 主要电力消耗来自气化部分（包括空分的电力消耗），而 CO_2 捕捉、储存造成的电力消耗则约占各系统总电量输出的 5%~7%。多联产系统电力消耗主要由气化部分和气体压缩两部分构成。气体压缩主要来自合成气、循环气的压缩以及酸性气体的去除，约占系统总电量输出的 1/4，其他的电力消耗则来自水泵电力消耗、冷却水系统等。

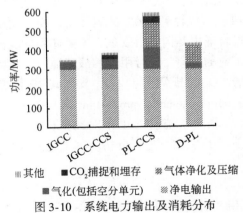

图 3-10 系统电力输出及消耗分布

图 3-11 为系统生命周期各阶段能量分布比例。可以明显看出，系统的能量消耗主要集中在煤的生产转化利用阶段，值得注意的是，PL-CCS、D-PL 在此阶段的能耗比例要小于 IGCC、IGCC-CCS，这主要是因为多联产系统耦合了化工生产和动力系统，在首先利用了高品位合成气以后，再利用较低品位的未反应气进行电力生产过程，实现了系统输入能量的梯级利用，最大化地利用了能量品位，减少了系统能量损失（Gao et al.，2004）。虽然 IGCC、IGCC-CCS 电力输出能量所占总能量的比例要高于多联产系统，但多联产系统联产的化学品使整个联产系统的总能量输出明显提高。另外，煤的开采运输阶段的能耗占整个系统约 5%，CO_2 的捕捉、运输、储存的能耗占到整个系统总能量的 4%~7%。化学品运输损失占到系统总能量的 1%，输电损失约为系统输出电力的 1.3%。因此，提高系统总能量利用效率的关键还是在于如何有效地提高煤转化利用阶段的效率。

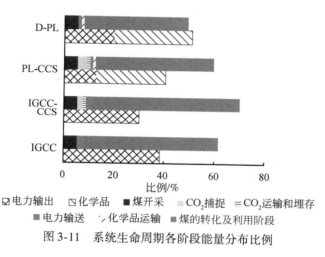

图 3-11　系统生命周期各阶段能量分布比例

（2）经济性能

从图 3-12 系统生产过程投资分布中可以看到，固定资本年平均投资、原料费用和操作维护费用共占到系统年总投资的 65% 左右。因此，开发有自主知识产权的技术，

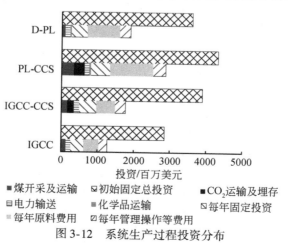

图 3-12　系统生产过程投资分布

降低固定投资费用，寻找多种替代能源，降低原料成本，对提高系统的经济性具有重要作用。多联产系统由于同时生产化学品和电力，在总投资和原料的费用上要高于 IGCC 系统。另外，当系统要实行 CO_2 捕集储存时，所付出的经济代价约占到系统年总投资的 10%。

图 3-13 给出了系统发电成本相对于我国目前市场电价的比较情况，可以看出，IGCC 系统发电成本为 0.524 元/(kW·h)，高于目前我国市场电价 0.384 元/(kW·h)，在增加 CCS 子系统以后，其发电成本将在原有基础上增加 40%~60%。PL-CCS 多联产系统的发电成本为市场电价的 121%［0.468 元/(kW·h)］，要小于 IGCC-CCS 的发电成本，可见，化学品和电力联产可以有效地降低发电成本（麻林巍等，2004a，b），同时可以弥补 CO_2 捕集储存环节所引起的额外投资。明显地，当系统没有采取 CO_2 的捕集时，D-PL 发电成本都要小于市场电价。因此，在尽可能地实现系统内部的 CO_2 转化的基础上再进行 CO_2 的捕捉、运输和埋存，减少 CO_2 捕集过程的损耗，更具有科学性和经济性。结合前面的能量利用过程讨论，可以得出，在多联产系统的基础上尽可能地实现 CO_2 的内部利用，或实行 CO_2 的捕捉技术，可以在保证较高的能量利用效率的前提下，降低系统的生产成本。然而，要想使 IGCC-CCS、PL-CCS 等相关技术在中国市场具有较大的竞争力，如何有效地降低发电（生产）成本则是我们研究的重点，具体可以体现在以下三个方面（Xu et al.，2011）：①加强自主知识产权技术的开发，集中低成本技术的应用，减少生产的固定投资；②提高系统的利用效率，降低能源的消耗，加强生产管理，提高人力资源效率；③支持低碳技术的开发和应用，同时要对温室气体排放征收相关的碳税。

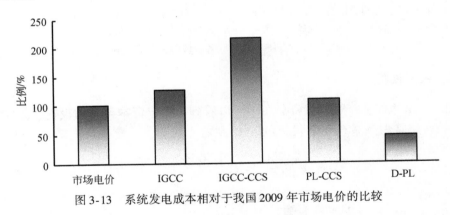

图 3-13　系统发电成本相对于我国 2009 年市场电价的比较

图 3-14 为系统发电成本随着碳税价格的变化。从图中可以看出，系统发电成本随着碳税征收强度的增大而呈降低的趋势，可见碳税的征收，对有效降低系统发电成本、推动 CCS 减排技术的发展具有重要作用。当 CCS 系统碳税强度增加到一定程度时，其生产成本甚至会低于没有采取 CCS 技术的系统，如当碳税为 45 元/t 时，PL-CCS 的发电成本等于市场电价，随着 CO_2 碳税的继续提高，减排能力较强的系统在其经济上更具有竞争力。例如，在碳税增加到 155 元/t 时，PL-CCS 系统的发电成本甚至低于 D-PL。碳税政策的实施对低碳技术的应用无疑是强大的推动力，然而，就我国国情来看，碳税的征收工作还在筹划当中，预计在 2012 年开始实施，而且起征的数额不可能太高（预计

在 15~20 元/t 左右)（万家喜，2010；佚名，2011），这对于降低系统发电成本还起不到明显作用，因此，在开始实施 IGCC/PL-CCS 技术项目前几年时间，国家必须要有一定的扶持、补贴政策。随着碳税强度的提升、相对低成本的技术的应用，系统会逐渐扭亏为盈。

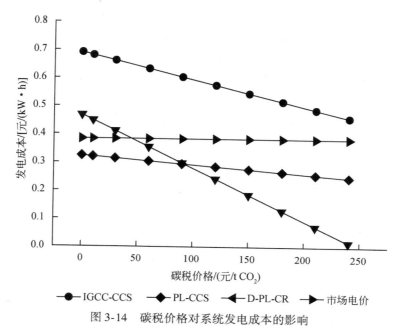

图 3-14　碳税价格对系统发电成本的影响

（3）环境性能

表 3-7 提供了煤炭运输开采、煤炭的加工利用过程以及最终产品运输使用三个阶段的 CO_2 排放量状况。CO_2 的排放主要来自煤的转化利用阶段，但采取 CCS 能有效降低煤转化过程的 CO_2 排放，其中 IGCC-CCS 的排放量还不到 0.5kg/kgce，PL-CCS 排放量也能维持在 1kg/kgce 以下，D-PL 尽管没有 CO_2 捕捉，但是生产的化学品固定了一部分碳元素，延缓了 CO_2 的排放，CO_2 的排放量也低于 1.5kg/kgce，因此，在煤的转化利用阶段采取有效的低碳减排技术是实现 CO_2 减排的重要手段。另外，多联产系统生产的甲醇，其运输和使用（按化品 40% 年消耗）过程，是全生命周期评价中 CO_2 排放的重要来源之一。提高运输效率，以及汽车发动机的燃烧效率也是减排的重要环节。

表 3-7　系统生命周期过程各阶段 CO_2 排放量

项目（kg/kgce)	IGCC	IGCC-CCS	PL-CCS	D-PL
煤开采环节	0.092	0.092	0.092	0.033
煤运输环节	0.006	0.006	0.006	0.002
煤转化与利用阶段	3.071	0.275	0.658	1.223
化学品运输环节	—	—	0.002	0.003
化学品利用过程			0.229	0.207
合计	3.169	0.373	0.988	1.468

表 3-8 是系统的经济性能比较，IGCC-CCS 的系统发电成本较 IGCC 的增加 0.25 元/(kW·h)，同时，其 CO_2 的捕捉成本在 IGCC 的基础上也是大幅度增加。以 IGCC 系统作为参考系统，IGCC-CCS 的 CO_2 捕捉成本为 250 元/t，而 PL-CCS 耦合化工生产过程降低了发电成本，相对于 IGCC 的发电成本而言降低了 0.08 元/(kW·h)，因此，相对的 IGCC 的 CO_2 捕捉成本则为负数（-34.72 元/t），而以自身捕集和投资消耗的计算成本则为 28.2 元/t（Jin et al.，2010）。可见，PL-CCS 不仅能有效降低发电成本，还能实现大规模 CO_2 的捕集。因此，对大规模的 CO_2 捕捉而言，在多联产系统基础上应用 CO_2 捕捉技术，能更有效地实现系统低成本、高效率的运作。

表 3-8　系统经济性能比较

项目	单位	IGCC	IGCC-CCS	PL-CCS	D-PL
发电成本	元/(kW·h)	0.52	0.76	0.47	0.22
内部收益率	%	3.12	-13.25	14.14	13.64
CO_2 排放强度	kg CO_2/(kW·h)	0.89	0.13	0.59	0.68
CO_2 捕捉能力	kg CO_2/(kW·h)	—	0.96	1.44	0
CO_2 捕捉成本	元/t CO_2	—	250	-34.72	—

注：CO_2 捕捉成本的定义为两系统发电成本之差除以两系统单位 CO_2 捕捉量之差，计算公式如下：CO_2 捕捉成本 $= \dfrac{COE_{CC} - COE_{ref}}{CO_{2CC} - CO_{2ref}}$；$COE_{CC}$ ——带有 CO_2 捕集功能系统的发电成本 [元/(kW·h)]；COE_{ref} ——参考系统的发电成本，本书以 IGCC 作为参考系统 [元/(kW·h)]；CO_{2CC} ——带有 CO_2 捕集功能系统的 CO_2 捕集量 [t/(kW·h)]；CO_{2ref} ——参考系统 CO_2 捕集量 [t/(kW·h)]。

（4）基本预测

如果中国 2012 年开始征收碳税，征收起点 10~15 元/t，预计 2020 年将达到 40~50 元/t。结合国情，若起征点按 10 元/t（万家喜，2010；佚名，2011）、增长率为每年 15% 计算，在 2020 年碳税将达到 31 元/t，2025 年将达到 61 元/t。与此同时，根据中国 IGCC/CCS 等技术发展要求，在未来 15 年的时间内，IGCC/CCS 等国有自主知识产权技术要突破瓶颈，其建设投资比要在原有基础上降低 20%~30%。根据我国目前已掌握的相关技术及发展速度，设定投资比以每年 2.5% 的比例减少，可以实现 2020 年的投资比在现有的基础上降低 18.4%。图 3-15 为系统投资比和碳税价格随时间变化图。

结合碳税和投资比随时间的变化关系，图 3-16 给出了系统发电成本随时间的变化关系。随着投资比和碳税的降低，系统的发电成本也随着年限的增加不断降低。到 2020 年，IGCC 系统的发电成本可以降低到 0.49 元/(kW·h)，但是 IGCC-CCS 发电成本仍在 0.60 元/(kW·h) 以上。可见，在短时间内，我国目前碳税的征收政策，以及技术成本降低速度，对提高系统的高发电成本来讲，还是显得强度不够，因此，在系统运行初期，国家势必应加大对工厂企业的扶持，如减少税收、实施额外的经济补贴；同时，在特定的环境下继续加大碳税征收力度，加强低成本技术的开发研究和投资力度，否则 IGCC 技术的发展将受到很大的阻碍。如图 3-17 所示，IGCC 系统的 IRR（内部收益率）在 2020 年维持在 6.2% 左右，IGCC-CCS 的更低。特别需要指出，目前中国

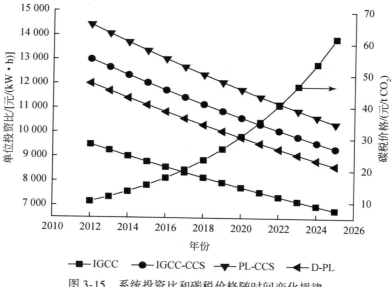

图 3-15　系统投资比和碳税价格随时间变化规律

IGCC/CCS 高生产成本的主要原因除了技术成本较高外，还有一方面来自原料煤的价格较高（2009 年平均煤价 640 元/t）。随着能源的紧缺，煤价会越来越高，这对 IGCC/PL-CCS 系统的发展是一个极大的挑战。稳定煤价，开发新能源，提高系统的能量利用效率是 CCS 相关技术继续发展的关键因素。

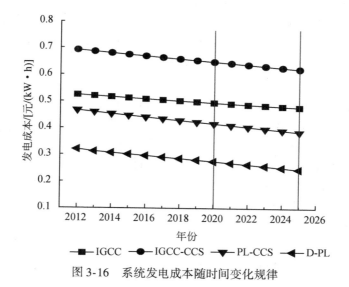

图 3-16　系统发电成本随时间变化规律

（5）结论

1）从热力学性能分析来看，系统能量损失主要来自煤的转化利用阶段，CO_2 的捕集是能量消耗的另一重要环节。由于多联产系统更好地实现了能量的梯级利用和集成，能量利用效率要高于 IGCC 系统。

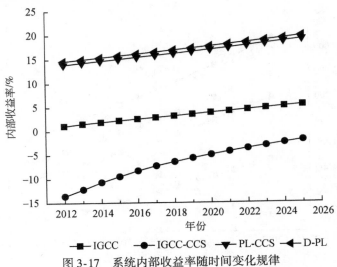

图 3-17 系统内部收益率随时间变化规律

2）从经济性能分析可以得到，IGCC/PL-CCS 等系统比投资较高，都要高于传统的火力电厂及超临界、超超临界电厂。不可避免的是，CCS 技术的应用增加了系统的投资、操作维护等成本，系统收益都要低于没有 CCS 的系统。碳税的征收对 CCS 的推动发展具有重要作用，但是征收力度需要根据实际情况确定，以确保系统的收益性，国家在技术推广初期需要一定的扶持补贴措施。

3）从环境性能方面分析得出的结论是，全生命周期过程中系统的 CO_2 排放主要来源于煤的转化利用阶段，而多联产系统的化学品运输、利用过程也是另一重要排放源，提高化学品生产、消耗链环节效率是减排的关键。IGCC-CCS 的减排能力要高于多联产系统（CCS 或没有 CCS），但减排成本也高出多联产系统 200～300 元/t。

IGCC 系统作为煤炭清洁高效利用技术的一种，在中国相关政策实施，以及国产技术发展进步的前提下，其发电成本会逐渐降低，预计到 2020 年发电成本会低于 0.50 元，若加上国家的相关补贴及优惠政策，发电成本会维持在 0.40 元/(kW·h) 左右，基本符合市场电价标准。IGCC-CCS 技术具有高效减排 CO_2 的特点，但是，除非系统在没有 CO_2 捕捉的情况下净效率能提高约 8%，或者系统投资能减少，其高能量代价和高成本代价的问题才能解决。随着时间的推移，先进技术的应用必然可以弥补目前技术所造成的缺陷。多联产系统是在 IGCC 基础上进一步发展起来的煤炭清洁高效利用技术，其化学品和电力联产的特点，增加了系统的集成度，可以减少系统的单位投资，更可以解决经济和能量效率上的难题。从 IGCC-CCS 过渡到 PL-CCS，在多联产的基础上发展 CCS 技术更具有经济性和效率性，是未来煤炭清洁高效利用的重要方向之一。目前，阻碍 IGCC/PL 及其相关减排技术发展的主要壁垒，除了高额的技术成本造成的总投资成本大的问题外，另一个主要原因在于我国能源主体过度依赖煤炭，造成煤炭的资源紧缺，煤价过高。碳税的适当征收也是 CCS 技术继续发展的前提条件。因此，在未来的发展规划中，集中力量加强低价成本技术的开发研究与应用，稳定煤价，开发新能源，提高系统的能量利用效率，加强 CO_2 碳税征收等一系列措施，是 IGCC/PL 及 CCS 相关技术继续发展的必需条件。

值得注意的是，从 IGCC-CCS 到多联产系统的过渡和发展，是一个长期的探索示范过程，其系统技术的优越性需要经过多年的研究示范运行才能得以体现，而其高额的技术和投资成本更是延长了这个时段。因此，在未来较长的一段时间内，目前存在的大量火力发电厂仍需维持和保留，而一些相对经济的燃后捕集技术必须应用，这要求我们必须加快 IGCC-CCS 技术的示范。IGCC-CCS 示范周期较长，其中出现的问题更是需要大量的时间去研究克服，尤其 CO_2 的捕集埋存，只有让 CO_2 埋存时间达到足够长，才能确定其安全性。因此，要想使 IGCC 技术在 2020～2030 年逐步商业化，甚至到具有 CO_2 捕集功能的多联产系统技术的过渡，现在就要行动起来。

3.2.6 中国多联产系统发展的战略思路和目标

(1) 发展思想和思路

1) 以"自主创新、重点突破、多元发展、合理布局"为指导思想。

自主创新：总体上要坚持自主开发、技术改进创新，发展符合国情的多联产系统。尤其在系统集成上，要保证自主的知识产权，以保障多联产系统相关技术的可持续发展。

重点突破：在多联产系统的关键技术上形成突破，如高效、低成本的煤气化（热解）技术，适应燃烧合成气和富氢气体的燃气轮机技术，CO_2 和其他副产品的资源化利用技术，多联产系统的集成优化和设计技术等。

多元发展：鉴于我国多联产系统尚未形成主导设计，而我国各地的资源禀赋、环境状况和市场情况不尽相同，多联产系统的发展还应有多元化的系统方案和发展模式。

合理布局：多联产的系统应因地制宜、因时制宜，通过政府、行业、企业和研究机构的充分论证，根据实际需要和资源禀赋等，在重点地区布局适宜方案和规模的多联产系统的示范、推广和产业化发展。

2) 以"一个统领、两个创新、突破三类技术、做好四个协同"为发展思路。

一个统领：以煤炭可持续发展为统领，充分利用多联产系统能效高、排放少、具有低成本捕捉 CO_2 的优势等优点，将其作为我国煤炭资源高效、洁净、低碳化利用的重要战略方向，大力发展。

两个创新：依托多联产系统的自主技术创新，培育和发展以多联产系统为核心的新型产业，在技术创新的同时做好产业的创新。

突破三类技术：在发电方面，重点突破 IGCC 及 IGCC+CCUS 的关键技术；在化工方面，重点突破煤制油、煤制烯烃、醇醚燃料及 CCUS 等关键技术；在系统优化和集成方面，重点突破煤基多联产、煤炭和其他能源协同利用的多联产，以及和 CCUS 的集成等方面的关键技术。

做好四个协同：一是在能源资源上，做好煤炭和其他能源（可再生能源、天然气、焦炉气等）的协同利用；二是在能源转化上，做好化学能和物理能的协同利用；三是在产品生产上，做好多联产产品（液体燃料、化工产品、电/热/冷、其他副产品）的协同生产，调节"峰谷差"和优化总体经济性；四是在行业发展上，做好化工和电力等多部门协同合作、政府、行业、企业和研究机构的协同合作，打破行业分割和部门分割。

(2) 战略目标

2020 年前完成 IGCC+CCUS 的商业示范、煤化工+多联产+CCUS 的商业示范，并完成 10 个左右广义多联产系统（煤基多联产、煤和其他能源协同利用的多联产）的商业示范，基本解决工程方面的问题并验证其经济性，确立多联产系统的典型主导设计方案，为多联产系统的大范围推广奠定坚实的基础。

2030 年前，完成 20~30 套典型多联产系统的技术推广，使其具备足够的市场竞争力，石油替代中多联产系统生产的液体燃料的规模达到千万吨以上，实现高效、环境友好的多联产系统的产业化发展。

（3）中国多联产迅速发展的战略措施

1）重点突破多联产系统的关键科学技术。

针对多联产系统的三类关键技术，尽快设立国家科技攻关重大专项，重点突破其中的关键科学技术问题，包括：①IGCC 和 IGCC+CCUS 关键科学技术；②煤化工多联产+CCUS 的关键科学技术；③广义多联产系统+CCUS 的关键科学技术。

2）合理布局多联产系统工业示范，并进一步大规模推广。

2020 年前，合理布局五类多联产系统的各自 1~2 个工业示范项目：①IGCC+CCUS；②煤化工多联产+CCUS；③多气头（如气化煤气和热解煤气共制合成气）多联产；④煤热解多联产；⑤煤和可再生能源协同利用多联产，如煤+风电、煤+生物质等。

2030 年前，在已有基础上进一步大规模推广各类多联产系统，总套数达到 20~30 个，以显著改善多联产系统的技术经济性能，使其具备产业化条件。包括：①以发电（IGCC）为主的多联产系统，3~5 个；②以煤基液体燃料为主的多联产系统，4~6 个；③多气头多联产系统，3~5 个；④煤热解多联产系统，5~7 个；⑤煤和可再生能源协同利用多联产系统，5~7 个。

3）重点培育和发展多联产系统的相关产业。

除发展多联产系统的产品生产本身这一产业外，重点培育如下配套产业，支撑多联产系统的产业化发展。相关产业包括：①动力设备制造产业，重点是自助的燃用合成气的燃气轮机装备制造；②煤气化设备制造产业，包括煤气化、部分气化、热解等；③煤化工合成设备制造产业，包括煤制油、煤制烯烃、甲醇和二甲醚的合成反应器、催化剂和配套设备等；④多联产系统集成设计和咨询服务等其他相关产业；⑤醇醚燃料产业，重点包括甲醇汽车、灵活燃料汽车、二甲醚汽车和二甲醚民用设备等。

（4）中国多联产系统发展的政策保障措施

理顺管理体制，突破行业分割和部分分割。尽快成立相关机构，专门负责和协调跨行业、跨部门的多联产系统发展的政策规划制定和技术示范、推广等事宜。

加强规划制定，合理布局多联产系统的发展。将多联产系统发展作为煤化工、电力、煤炭相关规划的重要内容，对多联产系统的发展路线、发展布局进行统筹安排。

出台相关政策，促进多联产系统顺利发展。设立专门经费，用于支持多联产系统的工业示范和推广。出台上网电价及金融、财税等方面的优惠政策，促进多联产系统发展。将多联产作为相关学科的重要内容，设立专门的研究和培训机构，加强人才培养。出台相关产业政策和行业标准，推动多联产及相关配套产业的发展。

第4章 | 中美煤炭清洁高效技术领域的合作分析与建议

4.1 煤炭清洁高效利用技术合作的优先技术

4.1.1 煤气化技术

美国的气流床 Texaco、Destec、KRW 等技术均已经实现商业运行,其中 Texaco 气化是商业运行经验最丰富的气流床气化工艺,压力高、煤的处理量也大,是水煤浆加压气化工艺的典型代表,属于第二代煤气化工艺,在原料利用上具有普遍适应性的特点。

中国的灰熔聚流化床粉煤气化技术还处于较大规模的试验阶段,"两段式干煤粉加压气化技术"、"多喷嘴对置式水煤浆气化装置"已经商业化运行,处于推广阶段。两段式干煤粉加压气化技术已在华能天津 25 万 kW IGCC 电站项目和国内几个煤化工项目中得到应用,打破了国外干煤粉加压气化技术的垄断,大幅度降低了煤气化的成本。2009 年 7 月 15 日,中国华能集团公司控股的西安热工研究院与美国未来燃料公司正式签署了美国宾夕法尼亚州 15 万 kW IGCC 项目煤气化技术使用许可协议。这标志着我国自主开发的 IGCC 核心技术——大型干煤粉煤气化技术正式进入美国市场。截至 2011 年 10 月,多喷嘴对置式水煤浆加压气化技术在国内已推广应用到山东滕州凤凰甲醇、江苏灵谷合成氨、江苏索普甲醇及乙酸、兖矿鲁南化肥厂改造、兖矿国泰第三套气化炉、神华宁煤 60 万 t/a 甲醇项目、宁波万华 60 万 t/a 甲醇项目、山东久泰 180 万 t/a 甲醇项目、山东盛大 60 万 t/a 甲醇项目、上海华谊 60 万 t/a 甲醇项目、"十一五" 863 计划的兖矿榆林百万吨煤制油和华电 IGCC 发电项目等 25 家企业,运转和在建的气化炉 67 台。该技术也已跨出国门,2008 年,美国 Valero 能源公司决定采用多喷嘴对置式水煤浆加压气化技术,以石油焦为原料加压气化。目前其已与华东理工大学签订了许可证授权合同,与中国天辰工程公司签订了基础设计合同。该技术属我国独有的自主知识产权技术,在技术转让费方面比引进 GEGP 德士古水煤浆气化技术要少得多,很有竞争力。由以上分析可见,中美双方在煤气化技术方面各有所长,可加强合作。中国应提高企业的自主创新能力,掌握煤气化炉制造的核心技术。在气化工艺方面,借鉴美国的煤气化经验,把研究重点放在提高气化压力、提高气化炉容量、煤种适应性广、环境友好、实现近零排放、能提高碳转化率和气化效率以及改善液态排渣的气化工艺上。在基础研究方面,把研究重点放在气化基础和气化过程的数学模拟以及开发自动控制软件包、研究液态排渣理论上。

4.1.2 燃气轮机技术

中国燃气轮机的发展现状:起步不晚,进展不快;性能不高,自主不强;投入不大，摇摆不定；机型不少，份额不多。

2001年，为发展燃气轮机产业和配合能源结构调整，国家发展和改革委员会发布了《燃气轮机产业发展和技术引进工作实施意见》，拟以市场换取部分制造技术的方式，走出一条"技术引进、打捆招标"的道路，上海电气、哈尔滨电气、东方电气与国外企业合作生产"FA"级燃气轮机。然而，以中国市场需求为导向而进行的部分制造技术引进，只能对电力需求市场起到缓解作用，而不能从根本上解决中国燃气轮机产业自主发展和受制于人的关键问题。近年来，这些问题日益受到国家的关注和重视，不仅一些企业自制的中、低档功率的工业燃气轮机投入使用，而且按照国际发展燃气轮机的成功经验，用于IGCC的中低热值重型燃气轮机（E+、FA级）、用于分布式能源的兆瓦级燃气轮机也正在研制中。中国研制改造的部分燃气轮机的性能和应用见表4-1。

表4-1　中国研制改造的部分燃气轮机的性能及应用

公司	型号	原机型	研制投产年代	功率/kW	效率/%	压比	T_{IT}/℃	应用
中国南方航空工业有限公司	WJ6G1/G1AGIT	WJ6	1974/1975	2 130	20.9	7.45	712	发电、机械驱动
	WJ6G2G2A/409	WJ6	1974/1979	2 060 2 070	20.9 1.4	7.45	679 737	发电、机械驱动、舰船
	WJ6G/G4B	WJ6	1984/1990	2 955	23.1	7.77	813	发电、机械驱动、舰船
	WJ6G4A	WJ6G4改型	1982/1992	2 955	22.4	7.70	819	发电、机械驱动
沈阳黎明航空发动机集团公司	WP6G1 WP6G1A	WP6	1979/1982	4 100 4 800	19.0 20.0	6.76 6.76	737 767	发电、机械驱动
中航工业哈尔滨东安发动机集团有限公司	WJ5G1	WJ5	1978/1980	1 404	19.9	7.10	727	发电、机械驱动
	WJ5AIG1	WJ5A1	1987/1990	1 750	21.6	7.40	858	发电、机械驱动
	WJ5AIG2	WJ5A1	1988/1991	1 750	21.0	6.80	827	发电、机械驱动
常州兰翔机械总厂	WZ6G	WZ6	1986	750	20.0	5.0	837	发电、机械驱动
中航工业动力所、沈阳黎明航空发动机集团公司	QD70A	太行	2006	7 650	31.0	12.50	—	发电、机械驱动
	QD128	昆仑	2002	12 000	28.0	13.0	—	发电、机械驱动
	QD185	太行	2010	18 500	38.0	27.0	—	发电、机械驱动
	R0110	新研	2008	114 500	36.0	14.8	—	发电

资料来源：李孝堂，2011

从表4-1可以看出，国产的燃气轮机普遍存在效率低、功率输出小的缺陷，与国外先进燃气轮机存在很大的差距。中国燃气轮机发展受到限制的主要原因在于（李孝堂，2011）：燃气轮机属技术、资金、人才密集领域，是研发周期长、生命周期长的战略产业。西方发达国家为保持其燃气轮机技术优势，并在市场竞争中始终处于领先，制订了一系列研究计划，如美国能源部的先进燃气轮机系统计划（ATS）、美国与欧洲联合的先进航空发动机改型燃气轮机计划（CAGT），日本也制订了相应的计划。而中国至今缺乏按照国家能源及动力装备的近期、中期及远期的需求而制定统筹部署，按阶段自主发展的发展规划。相应地，对军民燃气轮机的投入，特别是预先研究阶段的投入也不足。先进技术的预先研究无疑是燃气轮机提高性能、可靠性和缩短研制周期的保证。比如，干低排放燃烧技术，在美国、欧洲等国家和地区 30 ~ 40 年前就开始研究，现在已经成熟应用，NO_x 排放水平已达到 9 ~ 25ppm，对其他国家的燃气轮机几乎已形成技术壁垒，而中国在这方面的研究几乎没有；在长寿命材料、先进循环（间冷回热循环、湿压缩、蒸汽冷却）技术等方面，中国与国外相比同样存在很大差距，如 501J 重型燃气轮机的涡轮进口温度已达到 1873K。这些明显制约了中国燃气轮机的快速发展。

我国是产煤大国，利用丰富的煤炭资源满足国民经济高速发展的需要是现实的，符合我国国情，但我国发展燃气-蒸汽联合循环必然会走上发展整体煤气化联合循环发电的道路。燃气-蒸汽联合循环和 IGCC 是先进的高效、洁净发电技术，能够提高发电效率、降低污染物排放，IGCC 甚至具有使煤电达到近零排放的潜力。这一技术不仅可以合理利用能源发电，而且形成了能源资源多产多供、联产联供的新概念，将会发展成能源、电力、化工等领域相互交错的学科，更有利于能源、资源的优化和综合利用。燃气轮机作为先进发电技术的核心部分，其能否正常运行或者高效率地运行，直接关系到发电机组的可靠性和效率，尤其对 IGCC 相关技术的进一步发展和推广，具有决定性的作用。我国应在已有研发的基础上，继续加强对引进技术的不断消化吸收，最终实现装备国产化（蒋洪德，2011；廉洪元，2006）。因此，中国在煤炭清洁利用技术方面应该重点关注燃气轮机技术，尽可能地借鉴国外的先进技术和经验，早日实现燃气轮机国产化。

4.1.3　超超临界高温材料制备技术

中国于 2010 年提出了"700℃超超临界发电技术开发路线"，而发展 700℃超超临界燃煤发电机组存在的最关键问题就是高温材料的基础研究薄弱。与欧盟、日本和美国等先进国家和地区相比，我国缺乏自主产权的高温材料基础数据，这成为约束 700℃超超临界发电技术发展的瓶颈。虽然近年来，在国内钢铁生产公司、锅炉制造企业及相关研究院所的联合攻关下，在模拟国外高温材料的基础上，我国基本实现锅炉用高温材料的国产化，但与先进国家相比，无论是在组织机构、合作攻关、资金投入，还是在数据标准、性能考核等方面，有关材料研究的差距仍很大。

根据中国的实际情况，要实现超超临界机组设备设计制造的自主化，应在消化吸收引进技术的同时，加强国内自主创新的力度，重点解决高端材料、关键部件和设计技术等核心技术问题，逐步形成中国特色的、具有自主知识产权的超超临界成套设备设计制造技术，以应对未来发电设备市场激烈的国际竞争。因此，加强中美两国在超（超）临界机组发电技术领域方面的合作，对推动我国发电技术进一步发展具有重要意义。

（1）材料方面

通过与美国就大型超超临界机组使用的材料进行深层次技术合作，实现 2015 年前完全掌握材料的生产技术。我国目前还不能自主生产适应于 600℃的材料，大型超超临界机组主设备中的一些关键材料还完全依赖进口。而美国近十几年来致力于锅炉耐热新钢种的研究开发。经多年在役考验及试验论证，一些改良型铁素体、奥氏体耐热钢以其优异的热强性、抗高温氧化、抗腐蚀性及良好焊接工艺性得到国际权威机构的认可，在当今超临界、超超临界机组厚壁及高温部件中得到越来越广泛的应用。这些新型耐热钢的基本合金化特点：对铁素体钢，主要利用多元复合强化，即 W、Mo 固溶强化和 V、Nb/Ti 碳、氮化合物弥散强化，来提高钢的蠕变强度，并通过适当降低含 C 量，改善钢的可焊性和加工性；对奥氏体钢，以富 Cu 相、C(N)化 Nb/Ti 沉淀析出或优化热处理方式，使传统 TP300 钢获得细晶，极大提高材料的蠕变断裂强度和抗蒸汽腐蚀能力。

加强与美国技术信息交流，加快我国 Ni 基材料 700℃高超超临界汽轮机（HUSC）的研发和应用步伐。先进铁素体材料的应用温度极限为 625℃，因此，只有采用 Ni 基合金材料，蒸汽温度才能进一步提高。目前应用 Ni 基材料汽轮机的蒸汽起步参数定位为温度不低于 700℃，压力不低于 35MPa。为区别于采用先进铁素体材料的超超临界（USC），将采用 Ni 基合金材料的机组称为高超超临界，或者称为先进的超超临界（AUSC）。高超超临界参数大幅度提高了电厂的经济性，其供电热效率将比目前超超临界提高 4%~6%（热耗和 CO_2 排放减少，相对降低 10%~15%），达到与目前 IGCC 相同的 46%~48% 水平（Ikeda et al.，2009）。预计 2015~2020 年将迎来洁净燃煤发电技术发展最为关键的阶段，即采用以 Ni 基和奥氏体为材料的高超超临界（或称先进超超临界）蒸汽参数的发电设备的产业化阶段。预计未来 15 年超临界和超超临界机组在国内新增火电市场的份额可达 70% 以上（朱宝田和赵毅，2008）。采用 Ni 基合金的高超超临界（HUSC 或 AUSC）机组将是下一阶段洁净燃煤发电技术的主要发展方向。

与超超临界机组发展集中在研发新的铁素体材料不同，高超超临界汽轮机机组采用成熟的 Ni 基材料，不需研发新材料，研究的重点集中在 Ni 基材料大型化铸锻件毛坯的制造工艺及性能验证、焊接转子、二次再热循环、高超超压力汽轮机的结构优化设计四个方面（阳虹和彭泽瑛，2010）。

（2）主、辅机乃至管道连接件的性能设计与制造方面

我国目前在超超临界锅炉、汽轮机、发电机三大主机和给水泵及其驱动汽轮机、给水加热器和大型凝汽器等关键辅机以及高参数阀门的性能设计和制造方面还没有完全形成自主设计或实现国产化，因此，加强与美国在这些方面的技术合作，有选择地借鉴其先进技术，通过再创新形成自主产权技术，并将其应用到发电项目，对实现我国超超临界发电项目完全国产化具有重要作用。

4.1.4　CO_2 捕集、利用与封存技术

国际能源组织（IEA）的一项研究对 IGCC 电厂、带脱硫装置的燃煤电厂（PF+FGD）和天然气电厂（NGCC）用传统方法从尾气中分离 CO_2 进行了比较，见表 4-2。从效率降低幅度来看，最小的是 IGCC 系统（3.4%~4.6%），其次是天然气发电系统（10%），最大的是燃煤系统（大于 10%）；比较 CO_2 回收成本可知，IGCC 系统具有最小的回收成本，天然气发电系统回收成本最高；在发电成本方面，尽管回收 CO_2 的天然气发电系统效率下降幅度较大，CO_2 回收成本最高，但其发电成本仍然大大低于其他发电系统。IGCC 系统发电成本高于天然气系统，但低于燃煤发电系统。如果考虑 CO_2 液化埋存，则 CO_2 压缩耗功使系统效率又降低 2 个百分点左右。以上的比较表明：燃煤发

电系统不适合用于 CO_2 回收；天然气发电系统效率降低幅度大的主要原因是烟气中 CO_2 浓度过低，如果采用新的系统使 CO_2 浓度增加，那么天然气发电系统在回收 CO_2 方面仍然具有很大的潜力；从效率水平和 CO_2 回收成本看，IGCC 发电系统比较适合用于 CO_2 回收。

表 4-2　不同发电系统中用传统方法从尾气分离 CO_2 的比较

系统	基本系统效率（LHV）/%	烟气中 CO_2 浓度干基/%	CO_2 分离方法	分离 CO_2			分离和压缩 CO_2		
				效率/%	发电成本/[兆美元/(kW·h)]	CO_2 回收成本/[美元/(t CO_2)]	效率/%	发电成本/[兆美元/(kW·h)]	CO_2 回收成本/(美元/t CO_2)
PF+FGD	39.9	14	MEA	29.1	77	46	26.7	86	63
IGCC	41.7	7	Selexol	37.1	67	21	35.5	73	29
IGCC	41.7	7	CO_2 循环	38.3	68	22	37.3	71	27
NGCC	52.0	4	MEA	42.0	55	65	40.6	57	75

美国在 1978～1992 年先后投入 6 套 90～1000 t/d 化学吸收回收 CO_2 的装置，其中以燃天然气的 350MW 机组和燃煤的 320MW 机组采用的装置最为成功，吸收剂采用 MEA，常压分离。美国加利福尼亚州的 Trona 电厂采用该工艺每天回收 860t 的 CO_2 用作化工原料。美国有 4 个工厂成功地利用该法从烟气中分离 CO_2，用于驱油。2008 年 7 月，中国第一个工业级 CO_2 捕集示范工程在华能北京热电厂建成并投入运行，CO_2 捕集能力为 3000 t/a。2009 年 12 月，华能上海石洞口第二热电厂建成全球最大的年捕集能力为 12 万 t 的燃煤电厂 CO_2 捕集项目。2010 年 1 月，中国电力投资集团（简称中电投）重庆合川双槐电厂脱碳装置投入运行，每年可处理 5000 万 Nm^3 燃煤烟气，并从中捕集 1 万 t 浓度在 99.5% 以上的 CO_2。以上 CO_2 捕集示范工程采用 MEA 为吸收剂。2003 年，IGCC 技术在经过美国和欧洲近 10 年的示范运行后，美国首先提出了建立基于 IGCC 的燃烧前捕碳的近零排放电站的"未来发电"计划。项目计划用 10 年时间，设计、建设并运行一套装机容量 275MW、以煤为燃料、采用 CO_2 存储技术、达到接近零排放的制氢和发电的示范电厂。我国政府及中国华能集团公司也参与了项目的投资。"未来发电"项目已确定伊利诺伊州为最终厂址。该项目计划于 2009 年开始建设，2012 年投产运行。2008 年 1 月 29 日，美国能源部忽然宣布由于投资增加，决定退出对"未来发电"计划的资金支持。欧盟提出了相似的 Hypogen 计划，拟建立一套 400MW 的 IGCC 电站，利用变换将气化的合成气变换成 H_2 和 CO_2，对分离后的 CO_2 进行封存，而 H_2 则用做燃料电池和燃机循环发电。

由以上素材可见：①燃煤发电系统不适合用于 CO_2 回收，IGCC 发电系统比较适合用于 CO_2 回收；②美国加强了 CO_2 捕集与储存项目的研究与推广；③燃烧后 CO_2 捕集技术领域，美国起步早，技术较为成熟；中国在以烷基醇胺作为吸收剂的化学吸收技术、Selexol 法的物理吸收技术、采用钯基膜的膜分离技术方面均取得了突破。据以上分析，提出以下中美两国在 CO_2 捕集领域合作的建议：①在 IGCC 关键技术合作的基础上，加强 CCS 领域的合作；②对燃烧前 CO_2 的捕集，双方应共同努力，加强沟通、合作，寻求降低动力发电系统热转功效率的途径；③在纯氧/CO_2（O_2/CO_2）循环领域，氧耗量大、CO_2压缩耗功大，是该技术能耗大的原因，中国的大型低温空分制氧设备已实现国产化，为该技术的实现创造了设备条件，但纯氧/CO_2循环目前仍处于研究阶段，因而中美双方应加强技术沟通；④燃后捕集技术，中美双方各有优势捕集产品，可通过市场化方式，实现技术的转让与推广；⑤加强系统技术的改进和系统集成优化设计，降低系统的生产成本是 IGCC 发展的核心问题。

4.1.5 中美在 CO_2 储存领域合作的分析与建议

2003 年，美国能源部决定将展开 7 个区域性碳封存合作项目（RCSPs），涉及 43 个州以及加拿大 4 个省份超过 400 个组织。7 个区域性碳封存合作项目包括："大天空"（big sky，BS）地区碳封存合作项目（Plasynski et al.，2010a）；中西部地区地质封存研究协会项目（MGSC）（Plasynski et al.，2010b，c）；中西部地区碳封存合作项目（MRCSP）（Plasynski et al.，2010d）；太平洋 CO_2 减排合作项目（PCOR）（McNemar et al.，2010）；东南部地区碳封存合作项目（SECARB）（Plasynski et al.，2010e，f）；西南部地区碳封存合作项目（SWP）；西部海岸地区碳封存合作项目（WESTCARB）（Plasynski et al.，2010g）。7 个 RCSPs 的任务就是确定最佳的地质封存方法，确定在各自特定区域安全、永久封存 CO_2 的应用技术。他们在关注各自区域内碳捕集和封存活动的同时，谋求共同建立一个有效和有力的全国性合作框架。通过这一过程，每个 RCSP 需制订区域碳管理计划，以找出最合适的封存策略和技术，制定法规援助，并在各自区域内建设适当的商业化的 CCS 基础设施。为了进一步突破 CO_2 捕集和封存应用技术，美国能源部于 2010 年 8 月 12 日宣布，选取 15 个项目以开发技术，旨在在地质储藏中能安全而经济地存储 CO_2；将在 3 年内资助 2130 万美元，所作的选择是补充现有的能源部相关行动计划，以帮助发展技术和基础设施，在整个美国不同的地质储藏实施大规模的 CO_2 存储。所选的 15 个项目将配合正在进行的努力，开发和试验相关技术，解决包括将 CO_2 注入地质储藏、封存能力、储存迁移和相关机制方面等地质存储的关键难题[①]。目前由美国能源部支持的包括 Summit Texas Clean Energy、Southern Company、Hydrogen Energy California、NRG Energy、American Electric Power、Leucadia Energy、Air Products 等在内的 10 个 CCS 示范项目将分别在 2013～2016 年启动。

中国也高度重视 CO_2 的埋存与利用，2007 年 6 月，科技部联合国家发展和改革委员会、外交部等 14 个部门联合发布《中国应对气候变化科技专项行动》，旨在统筹、协调中国气候变化的科学研究与技术开发，全面提高国家应对气候变化的科技能力。文件将发展 CCUS 列入控制温室气体排放的重点领域。2010 年，国务院发布实施了《控制温室气体排放工作方案》。

2011 年 7 月，科技部会同国家发展和改革委员会、财政部、教育部、中国科学院、中国工程院、国家自然科学基金委员会、中国科学技术协会、国家国防科技工业局等有关单位，联合发布了《国家"十二五"科学和技术发展规划》（简称《规划》），旨在

---

① 钱伯章. 2010-08-25. 美国能源部选择 15 项目试验以确保 CO_2 地下储存. 国际新能源网，http：//newenergy. in-en. com/html/newenergy-0925092560738615. html。

深入实施中长期科技、教育、人才规划纲要，充分发挥科技进步和创新对加快转变经济发展方式的重要支撑作用。《规划》中两次提出加强 CCUS 技术研发，包括将 CCUS 技术作为培育和发展节能环保战略性新兴产业的重要技术之一，以及作为支撑可持续发展、有效应对气候变化的技术措施。

为了进一步明确我国发展碳捕集、利用与封存技术的定位、发展目标、研究重点和技术示范部署策略，科技部社会发展科技司和中国 21 世纪议程管理中心动员了来自科研机构和企业的近百位专家参与，于 2011 年 9 月完成了《中国碳捕集、利用和封存技术发展路线图》研究报告。

该路线图系统地评估了我国 CCUS 技术的发展现状，提出了我国 CCUS 技术发展的愿望和未来 20 年的技术发展目标，识别出各阶段应优先开展的研发和示范行动，并针对我国全流程 CCUS 示范部署、研发与示范技术政策和产业化政策研究等提出建议。

尽管起步较晚，但中国 CCUS 技术发展在近些年来取得了长足的进步，在政府的指导下，企业、科研单位和高等院校的共同参与，对 CCUS 相关理论、关键技术和配套政策的研究开展了很多工作，建立了一批专业研究队伍，取得一些自主知识产权的技术成果，成果开展了工业级示范。

捕集方面，围绕低能耗吸收剂、不同技术路线捕集工艺等关键技术环节，开展了一系列研究，已开发出可行行业化应用的胺吸收剂，建立了不同燃煤电厂每年 CO_2 捕集万吨级和每年 10 万吨级规模的工业示范，中国目前在进行针对 CO_2 储存容量、优先区域等的初步研究。

运输方面，借鉴油气管输经验，开展了低压 CO_2 运输工程应用，高压、低温和超临界 CO_2 运输研究刚起步。

利用方面，围绕 CO_2 驱油、驱煤层气及 CO_2 生物质转化和化工合成等不同利用途径，开展理论和关键技术研究，已展开 CO_2 驱油工业试验，建成微藻制生物柴油中试和小规模的 CO_2 制可降解塑料生产线。

封存方面，已启动全国 CO_2 地质储存潜力评价，初步结果表明，我国 CO_2 地质储存主要空间类型为深部咸水层。

经过近年来的努力，中国在 CCUS 技术链各环节都已经具备一定的研发基础，针对 CO_2 储存容量、优先区域等进行初步研究。但是，相比国际先进水平，我国整体上仍存在较大差距，体现在 CO_2 驱油与地质封存相关理论，CO_2 封存的监测、预警等核心技术，以及大规模 CO_2 运输与封存工程经验等方面。

可见，中美双方目前均没有开展大规模产业化储存 CO_2。美国的研究更系统，目标就是为了实现 CCS 技术优势，以便在全球推广。中国可关注美方研究动态，积极开展基础研究与示范。

4.2　煤炭清洁高效利用技术合作的重点/重大工程建议

（1）高超超临界工程合作与开发

从中美两国煤炭高效清洁利用技术发展的主要方向（发电为主）来看，两国制订的"700℃"计划的路线和时间基本吻合，且都具备研发基础和能力。因此，在高超超临界发电技术的领域进行相互交流与合作，对快速推动"700℃"计划的研发和落实具有重要意义。

（2）IGCC工程合作与开发

IGCC作为未来最主要的煤炭清洁发电技术，是中美两国重点关注和发展的技术之一。目前，中国包括神华、华电在内的多家企业正在积极筹备IGCC的示范和应用。近期（2012~2030年），大力发展煤炭电力仍然是中美两国的主题。IGCC在发电的同时，还能实现CO_2的捕捉，其高效清洁的特点符合中美两国在煤炭利用路线方面的规划。目前美国已有成功的IGCC示范经验，更有多座IGCC在建电站，中国的IGCC示范才刚刚起步，因此，首先开展IGCC电站技术的合作，不仅能有效借鉴美国IGCC的成功经验，避免走错路、走弯路，缩短示范周期，还能有效地吸收美国先进的煤气化技术、燃气轮机技术以及CO_2捕捉、埋存技术，这对以后发展自主产权技术具有重要作用。除此之外，以IGCC电站合作为平台，通过彼此优势技术的互补，可以更加完善IGCC系统的优化，从而推进IGCC技术的快速发展。

（3）煤基多联产技术合作与开发

多联产是IGCC的延续和发展，是化工生产与动力过程的有机耦合，简化了流程，提高了系统效率。除此之外，多联产能将污染物和温室气体排放降到最低，满足未来社会对环保和温室气体减排更严格的要求。尤其针对我国煤炭资源结构分布不均匀、能源需求多样化的特点，发展煤基多联产技术应该是未来煤炭清洁高效利用技术的重要任务。中国兖矿集团的甲醇-电多联产项目，作为初级系统示范工程，其成功运行给中国多联产技术研发提供了宝贵的实践经验。目前，中国已开始进行初级系统的单元示范和自主知识产权单元技术的研发。有关科研单位和企业分别提出了符合各自发展特点的、多种形式的多联产工艺路线，并已开始进行系统集成研究。2002年，美国国家能源技术实验室、能源部化石能源办公室国家实验室，以及煤炭和电力行业，特别是煤炭利用研究理事会（CURC）和电力研究协会（EPRI），合作制定了美国洁净煤技术发展路线图，路线图将"Vision 21"计划具体化，并指出美国洁净煤技术的发展短期内需要的是能够符合当前的和新出现的环保法规并具有成本优势的环境控制技术，规划在2015~2020年完成包括电力、氢、液体燃料生产和CO_2分离的先进多联产系统的商业化示范。

美国早在1999年就提出了"Vision 21"计划，经过10多年的研究和部分工程单元的示范，已经具备相当丰富的应用开发经验。我国主要集中在系统集成和优化方面的理论研究。基于IGCC的发展，在2015~2020年，煤基多联产系统应该具备示范工程的建设和运行的成熟条件，2020年后，在建的IGCC的工程基本都会投入商业运行，相应的技术攻关和运行经验也会得到全方位的完善和补充，基于IGCC的多联产系统在此阶段会得到迅速的发展，其联产的优势灵活、高效率、低污染、经济性好的特点会逐渐凸显出来。一方面可以补充电力生产，另一方面可以根据国内液体燃料和化学品需求有选择地进行工艺联产生产，缓解日益增长的液体能源短缺压力。目前，我国煤基多联产技术研发工作仅停留在理论研究阶段，无论是技术层面，还是示范运行经验都远落后于美国的进度。积极开展双方的合作，可以有效缩短研究和示范周期，减少不必要的投资，节省开支。为了避免错过多联产技术的示范、发展时期，避免进一步扩大与发达国家的差距，进而造成相关技术的垄断和碳排放约束的政治压力，开展多联产技术合作与开发势在必行。

（4）保障措施

1）多联产系统是一个跨行业的大系统，需要多行业从国家整体利益的高度加以支持和协同才可得以发展，因此首先应打破行业界线，提高认识。

2）国家发展和改革委员会、科技部等部委要把多联产系统纳入有关计划，多层次加以安排、联合和推动，可支持建立一个开放性的工业示范系统。

3）需在有关政府领导部门的总体协调下，制定一定的优惠政策。

4）电力部门要放宽各种电力生产者的上网限制，并给予合理的价格，这是电力市场改革的核心问题。

5）加强国际合作，与国外有经验的大公司和对上述重大工程有较深入研究的机构进行深入合作。

参 考 文 献

蔡灿稳，金晶，路遥，等.2011.O_2/CO_2混合富氧燃烧技术探讨.能源研究与信息，26（2）：81-86.

蔡庆捷.2011.浅析粉煤灰的应用研究现状.科技信息，（15）：26.

陈昌和，王淑娟，禚玉群，等.2010.煤的清洁利用技术的现状与发展.物理，39（5）：301-306.

程靖，汪寿建，孙国恩，等.2010.煤基多联产在工程实践中的应用和发展.广州化工，38（3）：39-42.

崔村丽.2011.型煤技术及发展现状分析.中国质量技术监督，（9）：62-63.

邓梁春，王毅，吴昌华.2009.破解全球气候僵局：以低碳技术的开发应用构建低碳未来.气候变化展望，（2）：1-17.

樊险峰，吴少华.2009.国产首台超超临界锅炉的设计与技术特点.动力工程，29（2）：139-140.

丰洋.2005.煤制油的现状和进展.中国石油和化工，（4）：73-76.

冯飞，公冶令沛，魏龙，等.2009.化学链燃烧在二氧化碳减排中的应用及其研究进展.化工时刊，23（4）：67-71.

冯伟忠.2007.超超临界机组蒸汽氧化及固体颗粒侵蚀的综合防治.中国电力，40（1）：69-73.

高永华.2010.烟气多污染物控制技术研究进展.能源环境保护，24（4）：4-7.

耿加怀.2006.兖矿煤气化多联产系统关键技术的研发与工业应用.中国科技产业，（2）：23-27.

国家技术前瞻课题组.2008.中国技术前瞻报告2006—2007：国家技术路线图研究.北京：科技文献出版社.

韩梅.2007.煤间接液化工业示范项目及煤制油主要产品市场前景.中国煤炭，33（7）：10-12.

韩喜民.2007.非熔渣-熔渣水煤浆分级气化技术.化肥设计，（1）：47-49.

胡一蓉.2011.某地燃煤电厂汞排放与国内外汞脱除技术分析.环境科技，24（3）：9-72.

姜钧，余云松，卢红芳，等.2010.膜吸收法从烟气中分离二氧化碳的性能分析.华北电力大学学报，37（1）：23-32.

蒋洪德.2011.加速推进重型燃气轮机核心技术研究开发和国产化.动力工程学报，31（8）：563-568.

焦树建.2006.IGCC的某些关键技术的发展与展望.动力工程，26（2）：153-165，179.

焦树建.2006.燃气-蒸汽联合循环的理论基础.北京：清华大学出版社.

金红光，林汝谋.2008.能的综合梯级利用与燃气轮机总能系统.北京：科学出版社.

金利勤，王家军，王剑平.2011.我国1000MW级超超临界燃煤发电技术的瓶颈浅析.华东电力，39（6）：976-984.

柯文石.2005.华能玉环电厂1000MW超超临界机组的选型与特点.浙江电力，24（1）：5-7，12.

李刚，韩梅.2008.兖矿集团煤基多联产系统规划简介.山东煤炭科技，（3）：182-184.

李桂菊，张军，季路成.2009.美国未来零排放燃煤发电项目最新进展.中外能源，14（5）：96-100.

李虹.煤变油：伊泰领跑中国煤化工产业.新疆日报，2011-9-21，第11版.

李华民.2011.关于煤矸石资源化利用的问题与建议.煤炭工程，（5）：89-90，93.

李文英，冯杰，谢克昌.2011.煤基多联产系统技术及工艺过程分析.北京：化学工业出版社.

李现勇，肖云汉，任相坤.2004.煤基多联产系统的意义及国内外发展概况.洁净煤技术，10（1）：5-10，42.

李孝堂.2011.燃气轮机的发展及中国的困局.航空发动机，37（3）：1-7.

李雪静，乔明．2008．二氧化碳捕获与封存技术进展及存在的问题分析．中外能源，13（5）：104-107．

李政，倪维斗，郑洪弢，等．2003．多联产系统：综合解决我国能源领域五大问题的重要途径．动力工程，23（2）：2245-2251．

李政，许兆峰，张东杰，等．2012．中国实施 CO_2 捕集与封存的参考意见．北京：清华大学出版社．

连平，朱林，方爱民，等．2011．燃煤电厂除尘器的应用和选择研究．电力科技与环保，27（2）：18-21．

林华荣，庞兴云，崔珊珊，等．2008．水煤浆在节能减排中的应用价值．环境与可持续发展，（3）：49-51．

刘涛．2006．关于煤基多联产发展的问题与建议．煤炭化工，（7）：67-69．

刘雨虹．2011．我国煤制乙二醇现状及面临的问题．化学工业，29（1）：13-14．

卢国懿，薛峰，赵江涛．2011．对我国粉煤灰利用现状的思考．中国矿业，20（SI）：193-195，200．

吕玉坤，豆中州，赵镨，等．2010．整体煤气化联合循环（IGCC）发电技术发展与前景．应用能源技术，（10）：36-39．

罗金玲，高冉，黄文辉，等．2011．中国二氧化碳减排及利用技术发展趋势．资源与产业，13（1）：132-137．

骆仲泱，王勤辉，方梦祥，等．2004．煤的热电气多联产技术及工程实例．北京：化学工业出版社．

麻林巍，倪维斗，李政，等．2004a．以煤气化为核心的甲醇、电的多联产系统分析（上）．动力工程，24（3）：451-456．

麻林巍，倪维斗，李政，等．2004b．用多联产概念改善 IGCC 经济性的分析．燃气轮机技术，17（1）：15-20．

马东祝，张玲，李树山，等．2011．燃煤电厂 SCR 烟气脱硝技术的应用及发展．煤炭技术，30（3）：5-7．

马剑．2011．我国煤炭洗选加工现状及"十二五"发展构想．煤炭加工与综合利用，（4）：1-5．

茅于轼，盛洪，杨富强．2008．煤炭的真实成本．北京：煤炭工业出版社．

糜洪元．2006．国内外燃气轮机发电技术的发展现况与展望．电力设备，7（10）：8-10．

倪维斗，陈贞．2010．煤的清洁高效利用是中国低碳经济的关键．太原理工大学学报，5（41）：454-458，463．

倪维斗，李政．2011．基于煤气化的多联产能源系统．北京：清华大学出版社．

倪维斗．2011．煤的清洁高效利用是中国低碳发展的关键．第二届国家电力发展和技术创新院士论坛．

钱伯章．2007．世界石油石化发展现状与趋势：资源、技术、战略．北京：石油工业出版社．

秦翠娟，沈来宏，肖军，等．2008．化学链燃烧技术的研究进展．锅炉技术，39（5）：64-73．

屈伟平．2010．清洁煤发电的 CCS 和 IGCC 联产技术．上海电气技术，3（1）：55-62．

任相坤，房鼎业，金嘉璐，等．2010．煤直接液化技术开发新进展．化工进展，29（2）：198-204．

上海科学技术情报研究所．2010．整体煤气化联合循环（IGCC）技术走向成熟．http：//www. Istis. Sh. Cn/list/list. Aspx？Id=6708．

邵中兴，李洪建．2011．我国燃煤 SO_2 污染现状及控制对策．山西化工，31（1）：46-48．

舒歌平．2009．神华煤直接液化工艺开发历程及其意义．神华科技，27（1）：78-82．

宋闯，王刚，李涛，等．2010．燃煤烟气脱硝技术研究进展．环境保护与循环经济，30（1）：63-65．

孙献斌．2009．循环流化床锅炉大型化的发展与应用．电站系统工程，25（4）：1-4．

唐宏青．2010．我国煤制油技术的现状和发展．化学工程，38（10）：43-46．

陶叶．2011．火电机组烟气脱汞工艺路线选择．电力建设，32（4）：74-78．

万家喜．2010．2012 年拟征碳税环保部建议排放一吨二氧化碳征 20 元．人民网河南频道，http：//henan. people. com. cn/news/2010/05/14/478083. htm ［2010-05-14］．

王长安, 车得福. 2011. O_2/CO_2燃烧技术研究进展1: 燃烧与传热特性. 热力发电, 40 (5): 10-14.

王东. 2010. 发展循环经济实施绿色煤电: 访中国华能集团绿色煤电公司总经理苏文斌. 再生资源与循环经济, 3 (4): 1-3.

王光彬. 2009. 煤间接液化技术及发展前景. 当代化工, 38 (01): 69-71.

王明华, 李政, 冯静, 等. 2008. 甲醇/电联产系统中甲醇合成与精馏模拟及变负荷研究. 热能动力工程, 23 (4): 363-368.

王庆一. 2001. "梦幻21"煤基能源工厂: 多联产, 高效率, 零排放. 中国煤炭, 27 (9): 5-8, 62.

王文. 2011. "十一五"末我国原煤入洗率达到50.9%. 煤炭加工与综合利用, (2): 6.

王新生. 2008. 华能玉环电厂超超临界1000MW机组锅炉特点. 热力发电, 37 (3): 1-4.

王修彦, 王梦娇, 杜志峰. 2012. 太阳能与燃煤机组集成发电系统. 华北电力大学学报, 39 (1): 28-32.

王彦彦, 盛金贵, 霍志红, 等. 2010. 增压流化床燃煤联合循环技术特点及环保特性. 电力科学与工程, 26 (6): 38-43.

王泽平, 周涛, 张记刚, 等. 2011. 电厂二氧化碳捕捉技术对比研究. 环境科学与技术, 34 (11): 83-87.

王志轩. 2003. 我国火电厂污染控制现状与"十五"计划的目标、措施. 环境保护与循环经济, (4): 49-51.

王志轩. 2010. 我国燃煤电厂烟尘排放与控制. 中国电力企业管理, (1): 28-31.

危丽琼. 2009. 煤基多联产符合中国国情——中国工程院院士倪维斗访谈. 中国石油和化工, (6): 7-9.

吴昌华. 2010. 低碳创新的技术发展路线图. 中国科学院院刊, (2): 138-145.

吴春来, 舒歌平. 1996. 中国煤的直接液化研究. 煤炭科学技术, 24 (4): 12-16.

肖云汉. 2008. 以煤气化为基础的多联产技术创新. 中国煤炭, 34 (11): 11-15, 43.

谢克昌. 2005. 煤化工发展与规划. 北京: 化学工业出版社.

邢爱华, 岳国, 朱伟平, 等. 2010. 甲醇制烯烃典型技术最新研究进展 (II): 工艺开发进展. 现代化工, 30 (10): 18-25.

徐涛, 刘晓红. 2008. 煤燃烧污染与控制技术的分析研究. 应用能源技术, (11): 32-35.

阎秦. 2011. 太阳能辅助燃煤发电系统热力特性研究. 北京: 华北电力大学.

阎维平. 2008. 洁净煤发电技术. 北京: 中国电力出版社.

阳虹, 彭泽瑛. 2010. 加快高超超临界汽轮机的发展步伐. 热力透平, 39 (1): 1-5, 11.

姚斌, 王旸, 曹军生. 2011. 煤制油: 技术成熟可行, 资源环保掣肘: 三位专家辨析煤制油技术的特点、发展现状和趋势. 中国石化, (1): 26-29.

佚名. 2009. 煤制烯烃技术日趋成熟. 乙烯工业, 21 (4): 4.

佚名. 2010. 榆林版煤制油实现产业化全球最大煤焦油轻质化装置试车. 江苏氯碱, (3): 29.

佚名. 2011. 2011 国家发改委将在"十二五"期间征收碳税. 化肥设计, (4): 55.

张波. 2009. 我国选煤技术的发展方向与环境保护. 科技情报开发与经济, 19 (33): 108-109.

张殿奎. 2008. 煤间接制油: 煤化工发展的重要趋势. 化学工业, (11): 8~11.

张殿奎. 2009. 煤化工发展方向: 煤制烯烃. 化学工业, 27 (1): 18-22.

张继明, 舒歌平. 2010. 神华煤直接液化示范工程最新进展. 中国煤炭, 36 (8): 11-14, 19.

张顺利, 王泽南, 贾懿曼, 等. 2011. 煤矸石的资源化利用. 洁净煤技术, 17 (4): 97-100.

张文普, 丰镇平. 2002. 燃气轮机技术的发展与应用. 燃气轮机技术, 15 (3): 17-22, 25.

张彦, 孙永奎. 2007. 煤气化发电与甲醇联产工程项目建设和运行总结. 煤化工, (4): 9-12.

张燕平, 蔡小燕, 黄树红. 2012. 700 ℃超超临界燃煤发电机组材料研发现状. 中国电力, 45 (2):

16-21.

张扬健. 2011. 发达国家煤制油基本处于技术储备阶段. 中国石化, (01): 30.

张玉胜, 杨蓓莎. 2010. 浅谈粉煤灰的资源化利用现状. 电力科技与环保, 26 (6): 55-56.

张玉卓. 2006. 中国神华煤直接液化技术新进展. 中国科技产业, (2): 32-35.

张玉卓. 2011. 煤洁净转化工程: 神华煤制燃料和合成材料技术探索与工程实践. 北京: 煤炭工业出版
社.

张玉卓. 2011. 神华现代煤制油化工工程建设与运营实践. 煤炭学报, 36 (2): 179-184.

赵毅, 方丹. 2010. 烟气脱硫脱硝一体化技术研究概况. 资源节约与环保, (4): 73-74.

赵永生, 蒋寻寒. 2005. 先进的超超临界汽轮机技术. 国际电力, 9 (4): 17-21.

郑宾国, 刘军坛, 崔节虎, 等. 2007. 粉煤灰在我国废水处理领域的利用研究. 水资源保护, 23 (3):
36-38.

郑建涛, 徐越, 任永强. 2010. 国内外 IGCC 技术现状和发展动向. 石油化工建设, 32 (6): 20-21.

中国科学院能源领域战略研究组. 2009. 中国至 2050 年能源科技发展路线图. 北京: 科学出版社.

周一工, 徐炯, 胡晓初, 等. 2011. 大力发展清洁高效的超临界超超临界发电技术. 装备机械, (01):
2-6.

朱宝田, 赵毅. 2008. 我国超超临界燃煤发电技术的发展. 华电技术, 30 (2): 1-5.

朱发根, 陈磊. 2011. 我国 CCS 发展的现状、前景及障碍. 能源技术经济, 23 (1): 46-49.

朱声宝. 2010. 华能绿色煤电: 创新与超越. 中国电力企业管理, (5): 137-145.

Blair T. 2009. Breaking the climate deadlock: Technology for a low carbon future. The Climate Group/The Office
of Tony Blair, London. http://tonyblairoffice.org/180_TCG_BTCD_TB%20TECH%20REPORT.pdf.

Gao L, Jin H G, Liu Z L, et al. 2004. Exergy analysis of coal-based polygeneration system for power and
chemical production. Energy, 29 (12-15): 2359-2371.

Henry R E, Shieh C L. 2008. 美国火电厂烟气排放限值及控制技术. 华东电力, 36 (2): 12-15.

Herzog H J, Drake E M. 1996. Carbon dioxide recovery and disposal from large energy systems. Annual Review
of Energy and the Environment, 21(1): 145-166.

Ikeda K, Nomoto H, Kitaguchi K, et al. 2009. Development of advanced-ultra super critical steam turbine sys-
tem. Proceeding of the International Conference on Power Engineering-09 (ICOPE-09).

Jin H G, Gao L, Han W, et al. 2010. Prospect options of CO_2 capture technology suitable for China. Energy,
35 (11): 4499-4506.

Lin H, Jin H G, Gao L, et al. 2009. Thermodynamic and economic analysis of the coal-based polygeneration
system with CO_2 capture. Energy Procedia, 1 (1): 4193-4199.

McNemar A, Steadman E N, Harju J A. 2010. Plains CO_2 Reduction Partnership—Validation Phase. http://
www.netl.doe.gov/publications/factsheets/project/project687_8p.pdf.

Plasynski S, Aljoe W, Schmidt L L., et al. 2010a. Big Sky Regional Carbon Sequestration Partnership—
Validation Phase. http://www.netl.doe.gov/publications/factsheets/project/project681_8p.pdf.

Plasynski S, Damiani D, Finley R J. 2010b. Midwest Geological Sequestration Consortium-Development Phase-
Large Scale Field Test. http://www.netl.doe.gov/publications/factsheets/project/project678_4p.pdf.

Plasynski S, Damiani D, Finley R J. 2010c. Midwest Geological Sequestration Consortium—Validation
Phase. http://www.netl.doe.gov/publications/factsheets/project/project682_8p.pdf.

Plasynski S, Rodosta T, Ball D A. 2010d. Midwest Regional Carbon Sequestration Partnership—Validation
Phase. http://www.netl.doe.gov/publications/factsheets/project/project686_8p.pdf.

Plasynski S, Brown B, Nemeth K. 2010e. Southeast Regional Carbon Sequestration Partnership—Development
Phase. http://www.netl.doe.gov/publications/factsheets/project/project680_4p.pdf.

Plasynski S, Brown B, Nemeth K. 2010f. Southeast Regional Carbon Sequestration Partnership-Validation Phase. http://www.netl.doe.gov/publications/factsheets/project/project683_ 4p. pdf.

Plasynski S, Deel D, Mediati S, et al. 2010g. West Coast Regional Carbon Sequestration Partnership-Validation Phase. http://www.netl.doe.gov/publications/factsheets/project/project685_ 8p. pdf.

Sloss L L. 2008. Economics of mercury control. IEA Clean Coal Centre.

Stamber L. 2000. Gasification meeting looks at new petcoke plants and IGCC design. Gas Turbine World, 30 (6): 22-25.

Stamber L. 2004. IGCC projects stressing carbon capture, lower costs, hydrogen. Gas Turbine World, 33 (5): 9-15.

Wolsky A M, Daniels E J, Jody B J. 1991. Recovering CO_2 from large-size and medium-size stationary combustors. Journal of the Air & Waste Management Association, 41(4): 449-454.

Wu Y, Wang S X, Streets D G. 2006. Trends in anthropogenic mercury emissions in China from 1995 to 2003. Environmental Science & Technology, 40 (7): 5312-5318.

Xu Z F, Hetland J, Kvamsdal H M, et al. 2011. Economic evaluation of an IGCC cogeneration power plant with CCS for application in China. Energy Procedia, 4: 1933-1940.

Zhao Y, Wang S X, Nielsen C P, et al. 2010. Establishment of a database of emission factors for atmospheric pollutants from Chinese coal-fired power plants. Atmospheric Environment, 44 (9): 1515-1523.